Ma méthode de calcul

je calcule Pas à Pas avec Kim et Tom

Une méthode très progressive pour acquérir des connaissances solides sur les nombres de 1 à 100.

✸ Les nombres de 1 à 20 sont abordés par groupes de trois, dans les premières étapes.

L'enfant apprend à reconnaître et à utiliser progressivement les nombres, à les écrire en chiffres et en lettres, à repérer leur position dans la suite numérique, à les comparer entre eux.

✸ À partir du nombre 20, l'étude des nombres est abordée par groupes de dix, une étape est consacrée à l'étude de chaque nouvelle dizaine.

Les mêmes compétences sont développées : reconnaître et utiliser les nouveaux nombres, les écrire en chiffres et en lettres, repérer leur position sur la suite numérique, les comparer entre eux.
Les notions de dizaines et d'unités sont introduites et travaillées.

✸ Une méthode pour apprendre à calculer

Chaque opération – addition, soustraction, multiplication et division (partages équitables) – est étudiée d'abord dans des situations imagées pour en construire le sens, puis progressivement l'enfant apprend des techniques de calcul en ligne. Enfin, pour l'addition, il apprend la technique usuelle en colonne. Ces opérations sont utilisées dans de nombreux exercices.

✸ Une méthode pour apprendre à résoudre des problèmes simples

À la fin de chaque étape, l'enfant résout un problème : il utilise dans une nouvelle situation ce qu'il vient d'apprendre.

Coordination éditoriale : Anne-Sophie Cayrey
Conception graphique et mise en page : graph'm www.agence-graphm.com

© Hatier - 8 rue d'Assas, 75006 Paris – 2020 - 978-2-401-06130-9

Représentation des nombres sur la suite numérique.

Représentation schématique des nombres.

Nombres étudiés dans la leçon.

Dénombrement de quantités sur des images.

Utilisation du nombre pour repérer une position.

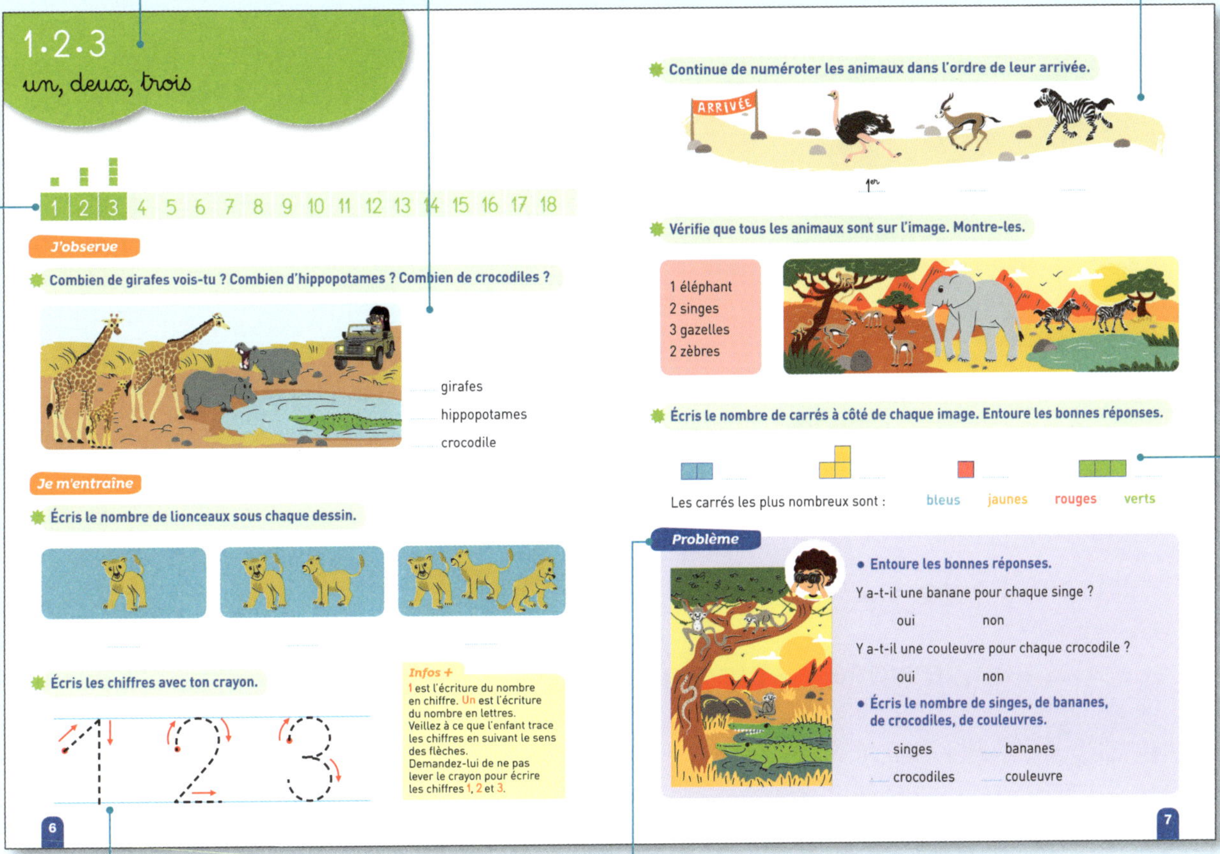
1.2.3
un, deux, trois

1 2 3 4 5 6 7 8 9 10 11 12 13 14 15 16 17 18

J'observe

Combien de girafes vois-tu ? Combien d'hippopotames ? Combien de crocodiles ?

..... girafes
..... hippopotames
..... crocodile

Je m'entraîne

Écris le nombre de lionceaux sous chaque dessin.

Écris les chiffres avec ton crayon.

1 2 3

Infos +
1 est l'écriture du nombre en chiffre. Un est l'écriture du nombre en lettres.
Veillez à ce que l'enfant trace les chiffres en suivant le sens des flèches.
Demandez-lui de ne pas lever le crayon pour écrire les chiffres 1, 2 et 3.

6

Continue de numéroter les animaux dans l'ordre de leur arrivée.

ARRIVÉE

1er

Vérifie que tous les animaux sont sur l'image. Montre-les.

1 éléphant
2 singes
3 gazelles
2 zèbres

Écris le nombre de carrés à côté de chaque image. Entoure les bonnes réponses.

Les carrés les plus nombreux sont : bleus jaunes rouges verts

Problème

- Entoure les bonnes réponses.

Y a-t-il une banane pour chaque singe ?
oui non

Y a-t-il une couleuvre pour chaque crocodile ?
oui non

- Écris le nombre de singes, de bananes, de crocodiles, de couleuvres.

..... singes ..... bananes
..... crocodiles ..... couleuvre

7

Apprentissage du geste pour écrire les chiffres.

Utilisation des nombres pour résoudre un problème.

Une méthode pour développer l'aspect ludique du calcul

Trois étapes sont consacrées à des récréations mathématiques dans lesquelles les connaissances étudiées sont réinvesties.

Une méthode à suivre dans l'ordre

Chaque étape est reprise dans les étapes suivantes, l'enfant acquiert ainsi une aisance de plus en plus grande en s'appuyant sur ce qu'il a déjà appris.

Le principal objectif de cette méthode est d'apporter aux enfants la maîtrise des nombres et du calcul.

Sommaire

Présentation .... p. 2

1 • 2 • 3 un, deux, trois .... p. 6

4 • 5 • 6 quatre, cinq, six .... p. 8

L'addition, le signe + et le signe = ... p. 10

7 • 8 • 9 sept, huit, neuf .... p. 12

10 • dix et les nombres de 1 à 10 .... p. 14

La comparaison des nombres, le signe < et le signe > .... p. 16

11 • 12 • 13 onze, douze, treize .... p. 18

14 • 15 • 16 quatorze, quinze, seize .... p. 20

La monnaie, l'euro € .... p. 22

La soustraction, le signe – et le signe = ... p. 24

17 • 18 • 19 dix-sept, dix-huit, dix-neuf .... p. 26

20 • vingt et les nombres de 10 à 20 .... p. 28

Avancer, reculer sur la piste des nombres .... p. 30

Le calcul additif en ligne .... p. 32

La table d'addition .... p. 34

Récréation Le totem, les chemins .... p. 36

Le calcul soustractif en ligne .... p. 38

La multiplication, l'addition réitérée .... p. 40

Les doubles et les moitiés .... p. 42

Les nombres de 21 à 29 .... p. 44

30 • trente et les nombres de 1 à 30 .... p. 46

Les nombres de 31 à 39 .... p. 48

L'addition posée .... p. 50

Récréation Les nombres croisés, le compte est bon .... p. 52

40 • quarante et les nombres de 1 à 40 .... p. 54

Les nombres de 41 à 49 .... p. 56

L'addition posée avec retenue .... p. 58

Le partage équitable .... p. 60

50 • cinquante et les nombres de 1 à 59 .... p. 62

L'addition et la soustraction, calculs en ligne .... p. 64

60 • soixante et les nombres de 1 à 69 .... p. 66

Récréation Les nombres croisés, carrés magiques
et pyramides étranges .... p. 68

Additions répétées et partages équitables .... p. 70

70 • soixante-dix et les nombres de 1 à 79 .... p. 72

80 • quatre-vingts et les nombres de 1 à 89 .... p. 74

90 • quatre-vingt-dix et les nombres de 1 à 99 .... p. 76

Le tableau des nombres de 0 à 99 .... p. 78

1·2·3

un, deux, trois

1	2	3	4	5	6	7	8	9	10	11	12	13	14	15	16	17	18

J'observe

Combien de girafes vois-tu ? Combien d'hippopotames ? Combien de crocodiles ?

.... girafes

.... hippopotames

.... crocodile

Je m'entraîne

Écris le nombre de lionceaux sous chaque dessin.

....

Écris les chiffres avec ton crayon.

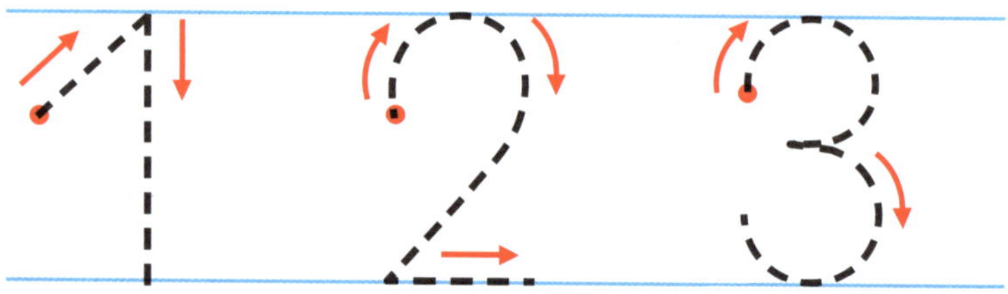

Infos +

1 est l'écriture du nombre en chiffre. Un est l'écriture du nombre en lettres.
Veillez à ce que l'enfant trace les chiffres en suivant le sens des flèches.
Demandez-lui de ne pas lever le crayon pour écrire les chiffres 1, 2 et 3.

Continue de numéroter les animaux dans l'ordre de leur arrivée.

1er ....

Vérifie que tous les animaux sont sur l'image. Montre-les.

1 éléphant
2 singes
3 gazelles
2 zèbres

Écris le nombre de carrés à côté de chaque image. Entoure les bonnes réponses.

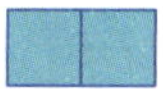 ....   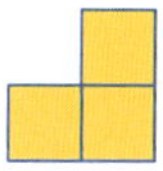 ....    ....   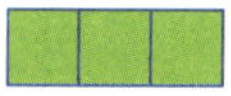 ....

Les carrés les plus nombreux sont : bleus jaunes rouges verts

Problème

- **Entoure les bonnes réponses.**

Y a-t-il une banane pour chaque singe ?

oui non

Y a-t-il une couleuvre pour chaque crocodile ?

oui non

- **Écris le nombre de singes, de bananes, de crocodiles, de couleuvres.**

.... singes .... bananes

.... crocodiles .... couleuvre

4 • 5 • 6

quatre, cinq, six

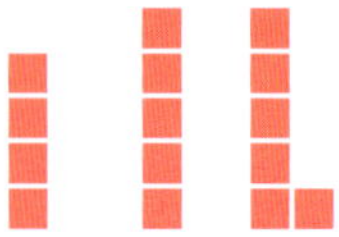

1	2	3	4	5	6	7	8	9	10	11	12	13	14	15	16	17	18

J'observe

Combien de vaches vois-tu ? Combien de moutons ? Combien de cochons ?

.... vaches

.... moutons

.... cochons

Je m'entraîne

Écris le nombre d'agneaux sous chaque image.

....

....

....

Écris les chiffres avec ton crayon.

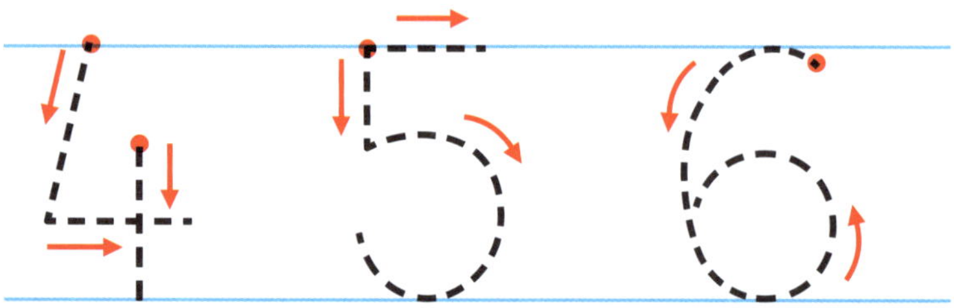

Infos +

4 et 5 s'écrivent en deux temps : ∠ puis 4 ; 5 puis 5.

6 s'écrit sans lever le crayon.

Le nombre sert à désigner une quantité : 4 agneaux, et aussi une position, le mouton est arrivé 4e.

Continue de numéroter les animaux dans l'ordre de leur arrivée.

1er ....   2e ....

Écris le nombre de carrés à côté de chaque image. Entoure les bonnes réponses.

 ....   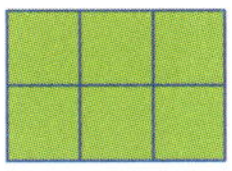 ....    ....   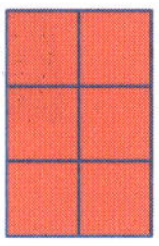 ....

Les carrés les plus nombreux sont :   bleus   verts   jaunes   rouges

Problème

- **Entoure les bonnes réponses.**

Y a-t-il une salade pour chaque escargot ?

oui   non

Y a-t-il une fleur pour chaque abeille ?

oui   non

- **Écris le nombre de salades, d'escargots, de fleurs, d'abeilles.**

.... salades   .... escargots

.... fleurs   .... abeilles

L'addition
le signe + et le signe =

J'observe

Réponds aux questions.

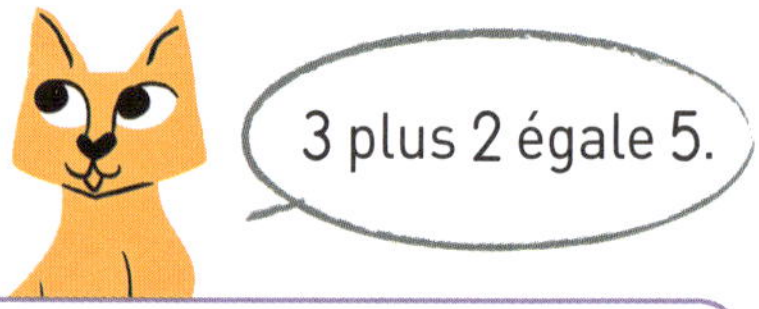

Combien de bonbons Kim a-t-elle maintenant ? ……

Calcule : 3 + 2 = ……

Dessine ses bonbons pour vérifier.

Je m'entraîne

Calcule la somme obtenue en ajoutant les points des 2 dés.

2 + 2 = ……

…… + …… = ……

…… + …… = ……

…… + …… = ……

Complète les égalités sous chaque image.

3 + 2 = ……

1 + 3 = ……

2 + 3 = ……

1 + 2 + 2 = ……

Infos +

Faites remarquer à votre enfant que 5, c'est 3 + 2, mais c'est aussi 1 + 4, 1 + 2 + 2, etc.

Relie chaque image à la somme qui lui correspond.

1 + 1

1 + 1 + 1

1 + 1 + 1 + 1

1 + 1 + 1 + 1 + 1

Calcule.

Dessine 3 ronds rouges et 2 ronds bleus.

Combien de ronds as-tu dessinés en tout ? ....

Relie.

4 

6 

5 

	1 + 4
3	2 + 1
5	3 + 2
4	2 + 2
	1 + 3

Problème

Combien de sucettes ont-ils ensemble ?

Ta réponse : ....

Ton calcul : ....

Pour vérifier, dessine leurs sucettes.

7 . 8 . 9
sept, huit, neuf

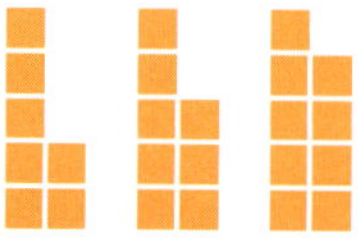

1 2 3 4 5 6 7 8 9 10 11 12 13 14 15 16 17 18

J'observe

Combien de raies vois-tu ? Combien de phoques ? Combien de pieuvres ?

.... raies

.... phoques

.... pieuvres

Je m'entraîne

Écris le nombre de requins sous chaque image.

....

....

....

Écris les chiffres avec ton crayon.

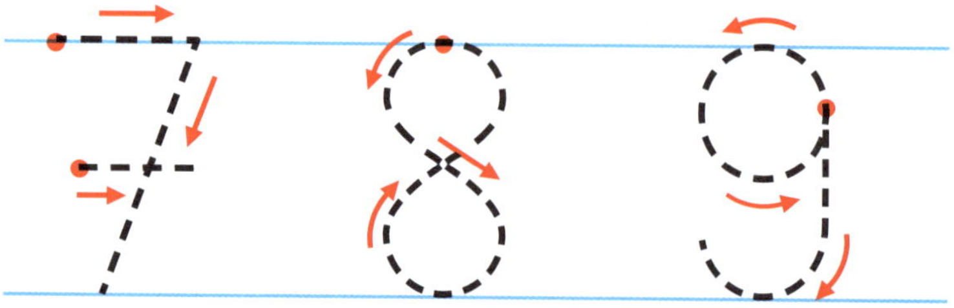

Infos +
7 s'écrit en deux temps :
7 puis 7.
Veillez à faire respecter le sens de l'écriture de 8.
9 s'écrit sans lever le crayon et en respectant le sens de la flèche.

Continue de numéroter les poissons dans l'ordre de leur arrivée.

1er .... 2e ....

Calcule la somme obtenue en ajoutant les points des 2 dés.

6 + 1 = ...

.... + ... = ...

.... + ... = ...

.... + ... = ...

Problème

Combien de poissons Tom a-t-il en tout ?

Ta réponse : ....

Ton calcul : ....

Dessine les poissons dans l'aquarium.

10 • dix
et les nombres de 1 à 10

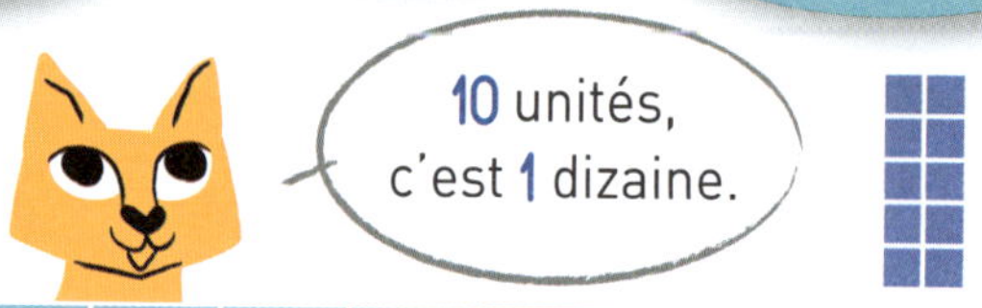

1 2 3 4 5 6 7 8 9 10 11 12 13 14 15 16 17 18

J'observe

Réponds aux questions.

Y a-t-il un chapeau pour chaque enfant ? ....

Y a-t-il autant de drapeaux que d'enfants ? ....

Combien de nœuds papillons manque-t-il
pour que chaque enfant en ait un ? Dessine-les sur la table.

Je m'entraîne

Combien de doigts levés vois-tu sur chaque image.

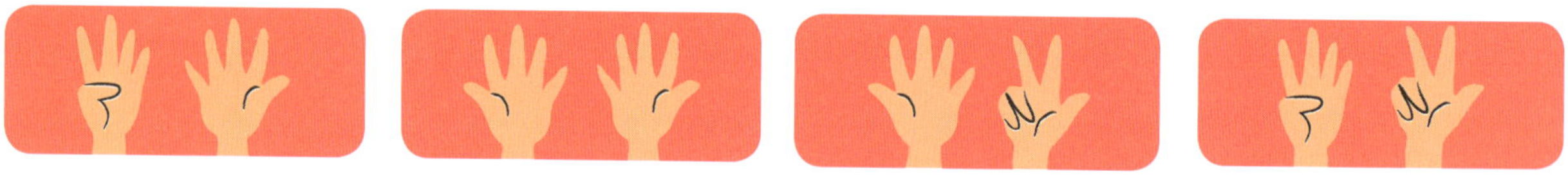

4 + 5 = ...

Écris le nombre en respectant le sens des flèches.

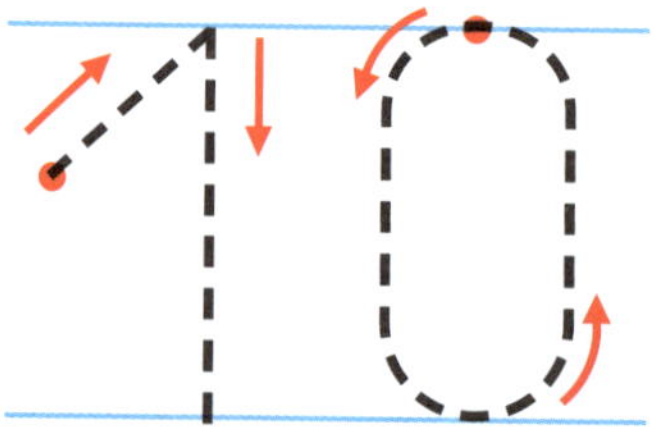

Infos +

Une dizaine d'objets ou 10 objets, c'est la même chose.

Le 0 de 10 s'écrit sans lever le crayon et en respectant le sens de la flèche.

Dessine les drapeaux qui manquent pour qu'il y ait 10 drapeaux dans chaque image.

$10 = 6 +$ ....

$10 = 8 +$ ....

$10 = 7 +$ ....

Calcule.

10

- 5 + ...
- 6 + ...
- 4 + ...
- 7 + ...
- 3 + ...
- 8 + ...
- 2 + ...
- 9 + ...
- 1 + ...

Écris les nombres en chiffres.

Problème

Mon amie Lola a 6 ans, son frère Paul a 4 ans de plus qu'elle.

Quel est l'âge de Paul ?

Ta réponse : ....

Ton calcul : ....

La comparaison des nombres
le signe < et le signe >

J'observe

Complète.

Tom a planté .... fleurs.

Kim a planté .... fleurs.

Colorie en vert le nombre de fleurs de Tom et en orange le nombre de fleurs de Kim.

1	2	3	4	5	6	7	8	9	10	

Quel enfant a planté le plus de fleurs ? ....

.... est plus grand que .... : on écrit .... > ....
.... est plus petit que .... : on écrit .... < ....

Je m'entraîne

Écris le nombre de fleurs sous chaque image.

A ....

B ....

C ....

D ....

Sur quelle image y a-t-il le plus de fleurs ? ....

Sur quelle image y a-t-il le moins de fleurs ? ....

Range les nombres de fleurs du plus petit au plus grand : .... < .... < .... < ....

Infos +

Faites lire régulièrement la suite des nombres à votre enfant dans l'ordre croissant et dans l'ordre décroissant. Faites remarquer que pour passer au nombre suivant, dans l'ordre croissant on ajoute 1, et dans l'ordre décroissant on enlève 1.
Le nombre le plus grand est celui qui est le plus loin sur la piste des nombres.

Souligne le nombre le plus petit. Complète avec le signe < ou le signe >.

8 > <u>6</u>   3 7   5 9   10 4

Complète pour qu'il y ait autant de fleurs dans chaque pot.

Entoure à chaque fois la carte qui gagne.
Écris les nombres et le signe < ou >.

5 7

....

....

Relie les points de 1 à 10 à la main ou en t'aidant d'une règle.

Problème

Qui a gagné une image ?

Pour gagner une image, il faut avoir au moins 9 points.

Lequel des trois enfants a gagné une image ? ....

Mathis  Leïla 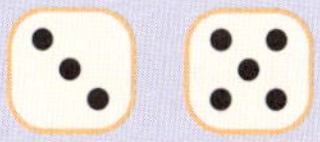 Maëlle 

11 • 12 • 13

onze, douze, treize

1 2 3 4 5 6 7 8 9 10 11 12 13 14 15 16 17 18

J'observe

Combien vois-tu de joueurs ?
Combien de ballons ?

.... joueurs .... ballons

Je m'entraîne

Écris le nombre de ballons sous chaque image.

....

Calcule la somme des points sous chaque image.

5 + 5 + 1 = ...

Infos +

Les deux chiffres qui composent 11 n'ont pas la même valeur.
11 = 10 + 1, c'est-à-dire 1 dizaine (d) et 1 unité (u). 12, c'est 1 dizaine et 2 unités, etc.
Vous pouvez jouer aux dés avec vos enfants : chaque joueur lance 2 dés, le joueur qui a le plus de points gagne 1 jeton. On arrête après 6 lancers, le gagnant est celui qui a le plus de jetons.
Cette activité familiarise votre enfant avec le calcul des sommes des nombres de 1 à 6.

Dessine une croix bleue sous le treizième (13ᵉ) cycliste, une croix verte sous le neuvième (9ᵉ) cycliste, une croix orange sous le onzième (11ᵉ) cycliste.

1er ....

Souligne le nombre le plus petit. Complète avec le signe < ou le signe >.

7 .... 12 10 .... 9 13 .... 12 8 11

Calcule.

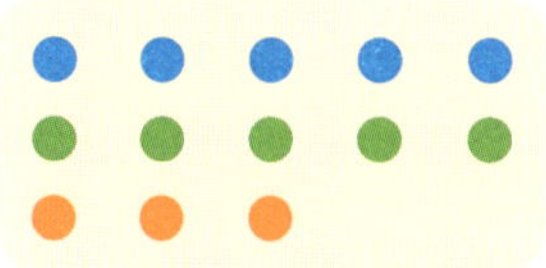
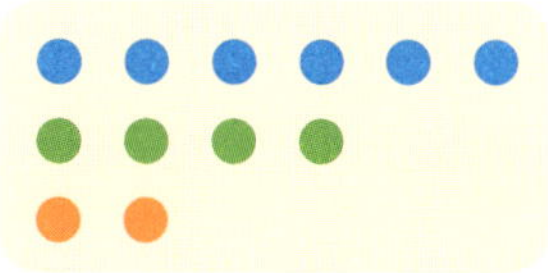
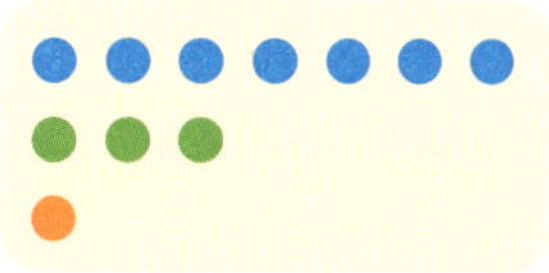
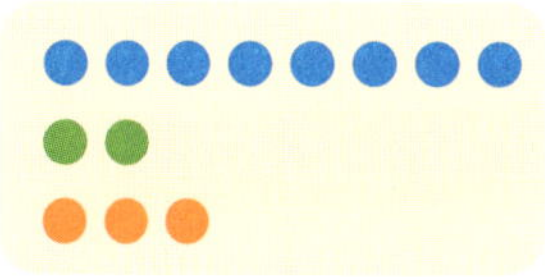

$5 + 5 + 3 =$ .... $6 + 4 + 2 =$ .... = ... = ...

Problème

Avec mes 6 copains, nous voulons former une équipe de football.

Dans une équipe de football, il y a 11 joueurs.

Combien d'enfants manque-t-il pour compléter l'équipe ?

Ta réponse : ....

Ton calcul : ....

14 • 15 • 16

quatorze, quinze, seize

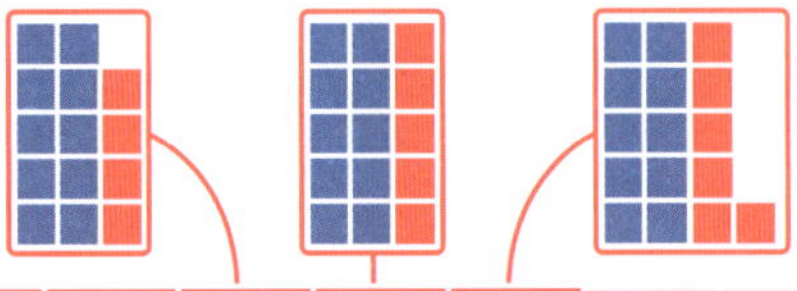

1	2	3	4	5	6	7	8	9	10	11	12	13	14	15	16	17	18

J'observe

Combien de canards vois-tu ? Combien de poussins ? Combien de poules ?

.... canards

.... poussins

.... poules

Je m'entraîne

Écris le nombre de lapins sous chaque image.

....

....

....

Calcule la somme des points sous chaque image.

5 + 5 + 4 = ...

....

....

Infos +
De un à seize, tous les mots qui servent à désigner les nombres sont différents. Ils doivent être mémorisés par l'enfant.

Dessine une croix bleue sous le quatorzième (14ᵉ) caneton, une croix verte sous le dixième (10ᵉ) caneton, une croix orange sous le treizième (13ᵉ) caneton.

....

Souligne le nombre le plus petit. Complète avec le signe < ou le signe >.

14 11   15 16   13 14   16 8

Calcule.

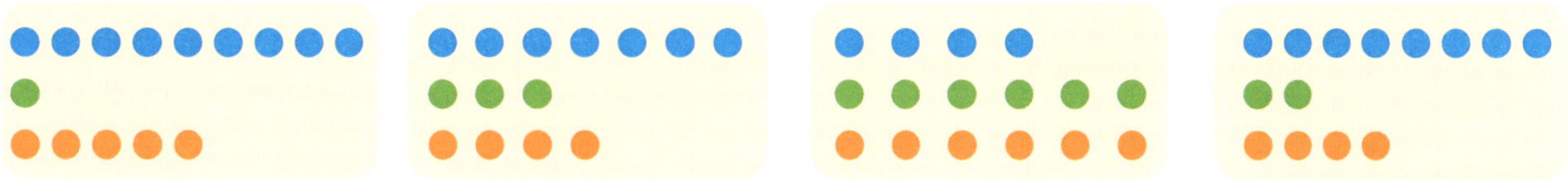

9 + 1 + 5 = ...   7 + 3 + 4 = ... = ... = ...

Écris les nombres en chiffres.

Problème

Trois amis de Kim ont 10 ans, 15 ans et 16 ans.
Lola est la plus âgée. Tim a 5 ans de plus qu'Éva.

Quel est l'âge d'Éva ?

Ta réponse : ....

Ton calcul : ....

La monnaie
l'euro €

J'observe

J'échange une pièce de 2 €
contre 2 pièces de 1 €.

Kim échange son billet de 5 €
contre des pièces de 1 €. Dessine-les.

Tom échange son billet de 10 €
contre des pièces de 1 €. Dessine-les.

Je m'entraîne

Réponds aux questions.

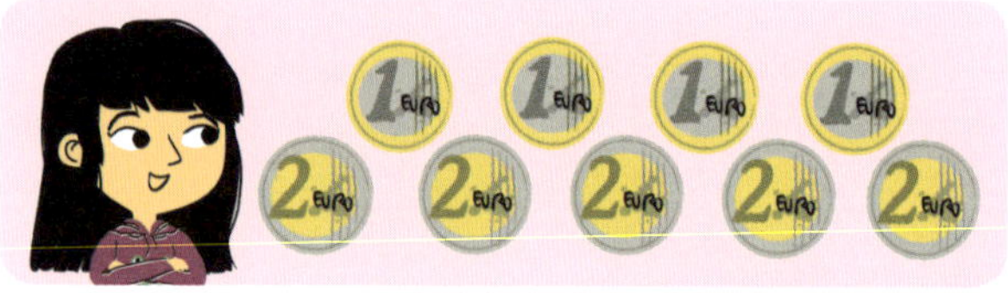

Qui a le plus de pièces ? ....

Quelle somme d'argent Kim a-t-elle ? ....

Quelle somme d'argent Tom a-t-il ? ....

Qui a le plus d'argent ? ....

Tom peut-il acheter la montre ? ....

Combien d'argent lui restera-t-il ? ....

Infos +
Montrez de vraies pièces de 1 € et de 2 € et des billets de 5 € et 10 € à votre enfant. Faites-lui pratiquer des échanges.

Réponds aux questions.

Calcule la somme d'argent contenue dans chaque porte-monnaie.

A 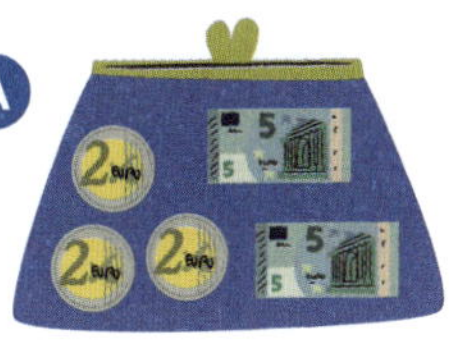

B 

C 

Entoure le porte-monnaie dans lequel il y a le moins d'argent.

Pour chaque somme, barre les pièces en trop.

10 €	
12 €	
14 €	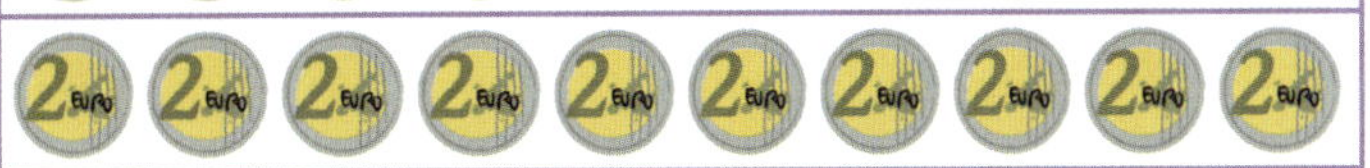
16 €	

Calcule.

5 € + 2 € + 2 € = ...

5 € + 5 € + 2 € + 2 € + 2 € = ...

10 € + 1 € + 2 € = ...

5 € + 2 € + 2 € + 1 € = ...

10 € + 2 € + 2 € + 2 € = ...

10 € + 5 € + 1 € = ...

Problème

Dans ma tirelire, j'ai 1 billet de 5 € et 5 pièces de 2 €.

Dans ma tirelire, j'ai 1 billet de 10 € et 3 pièces de 2 €.

Réponds aux questions.

Combien d'argent Kim a-t-elle ? ....

Combien d'argent Tom a-t-il ? ....

Qui a le plus d'argent ? ....

Dessine les pièces et billets de Kim.

Dessine les pièces et billets de Tom.

La soustraction
le signe – et le signe =

J'observe

Réponds aux questions.

Combien de voitures Kim a-t-elle maintenant ? ....

Calcule : 5 – 2 = ...

Je m'entraîne

Réponds aux questions.

1. Jules a 5 billes, il perd 5 billes à la récréation.

Combien de billes lui reste-t-il ? ....

2. Maya a 8 images. Elle donne 3 images à son amie.

Combien d'images Maya a-t-elle maintenant ? ....

Calcule : 8 – 3 = ...

3. Dans le bracelet de Léa, il y a 7 perles.
5 perles sont rouges, les autres sont vertes.

Combien de perles vertes y a-t-il ? ....
Dessine-le bracelet pour vérifier.

Infos +

Pour calculer a – b, votre enfant peut :
- dessiner a objets, en barrer b et compter ceux qui restent ;
- lever a doigts, en baisser b et compter ceux qui restent levés ;
- partir de a et décompter : par exemple pour 5 – 2 dire 5 ; 4 ; 3 et conclure 5 – 2 = 3.

Pour faciliter l'apprentissage de la soustraction, demander à votre enfant de décompter de 1 en 1.

Complète la suite des nombres en reculant de 1 en 1.

16	15	14	......	......	......	......	......	......	......	......

Sur chaque dessin, combien de ballons gonflés reste-t-il ?

5 – 2 = 3 7 – 3 = ... 6 – 1 = ... 8 – 4 = ...

Calcule.

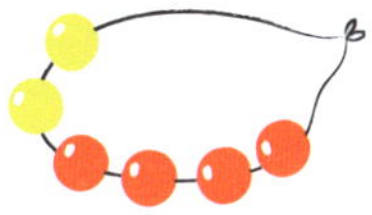

6 = 4 + ...
6 – 4 = ...
6 – 2 = ...

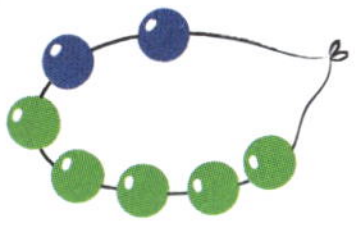

7 = 5 + ...
7 – 5 = ...
7 – 2 = ...

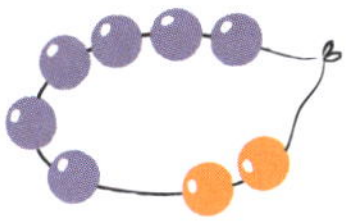

8 = 6 + ...
8 – 6 = ...
8 – 2 = ...

Relie.

8 – 2 9 – 4 7 – 2 6 – 3 9 – 5

6 5 4 3

Problème

Quel est l'âge de Léa ?

Ta réponse : ......

Ton calcul : ......

Lucas a 9 ans,
sa sœur Léa a 3 ans
de moins que lui.

17 • 18 • 19

dix-sept, dix-huit, dix-neuf

J'observe

Calcule la somme d'argent contenue dans chaque porte-monnaie.

....

Je m'entraîne

Quelle somme y a-t-il sur chaque image ?

Pour compter plus facilement, tu peux grouper les pièces par 10.

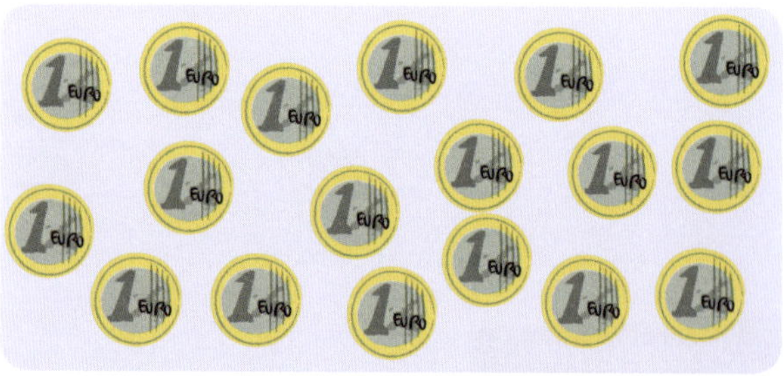

....

Infos +

Les noms des nombres sont étudiés d'abord de manière globale puis pour les nombres 17, 18, 19 en liant l'oral et l'écrit. Expliquez à votre enfant que dans 17 (par exemple) on entend dix et sept, c'est-à-dire 10 + 7, soit 17.

Calcule la somme des points sur chaque image.

5 + 5 + 5 + 3 = ...

Écris les nombres à leur place : 13 ; 9 ; 17 ; 15 ; 19.

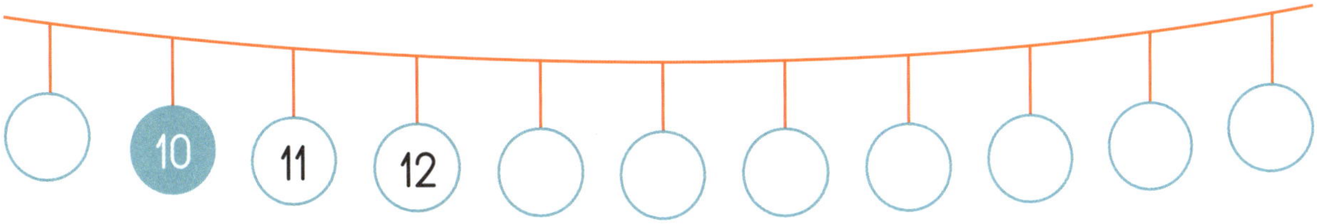

Souligne le nombre le plus petit. Écris le signe < ou le signe >.

19 14   17 14   12 18   16 11

Calcule.

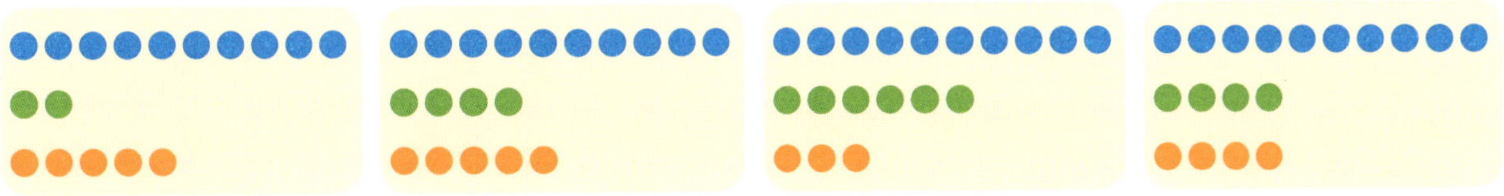

10 + 2 + 5 = ...   10 + 4 + 5 = ... = ... = ...

Problème

Chloé achète ces six gâteaux. Combien dépense-t-elle ?

Ta réponse : ....   Ton calcul : ....

20 • vingt et les nombres de 10 à 20

5 6 7 8 9 10 11 12 13 14 15 16 17 18 19 20 21 22

J'observe

Combien de rameurs vois-tu sur le lac ?

.... rameurs

Je m'entraîne

Dessine une croix sous les images où tu vois 20 oiseaux.

....

Calcule la somme des points sur chaque image.

$5 + 5 + 4 + 3 =$ ....

....

....

Infos +

Pour compter des objets en grand nombre, dites à votre enfant de les grouper par 10. Cela permet d'obtenir le nombre de dizaines, donc l'écriture en chiffres.

Complète la suite des nombres en reculant de 1 en 1.

20	19	18	....	....	....	....	....	....	....	....

Souligne le nombre le plus grand. Écris le signe < ou >.

15 20   18 16   14 17   19 9

Calcule.

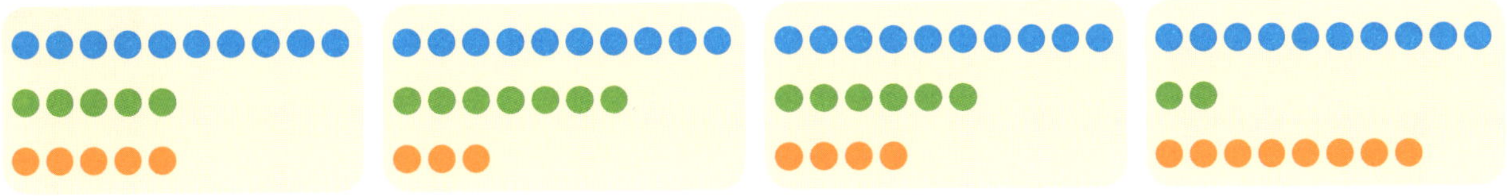

10 + 5 + 5 = ...   10 + 7 + 3 = ... = ... = ...

Problème

Combien de gilets de sauvetage Kim et Tom ont-ils rangés en tout ?

Ta réponse : ....

Ton calcul : ....

Avancer, reculer sur la piste des nombres

J'observe

Le chat avance.

Le chat est sur la case 7,
il avance de 5 cases,
il arrive sur la case ....

+5

1	2	3	4	5	6	7	8	9	10	11	12	13	14	15	16	17	18	19	20

Pour raconter cette histoire, je fais un schéma :

[7] —(+5)→ [12]

7 + 5 = ...

Cette fois, le chat recule.

Le chat est sur la case 11,
il recule de 3 cases,
il arrive sur la case ....

−3

1	2	3	4	5	6	7	8	9	10	11	12	13	14	15	16	17	18	19	20

Raconte l'histoire en complétant le schéma et l'égalité.

[..........] ←(−3)— [11]

11 − 3 = ...

Je m'entraîne

Réponds aux questions.

1. Le chat est sur la case 5,
il avance de 4 cases,
sur quelle case arrive-t-il ?

[..........] —(+ ....)→ [..........]

5 + 4 = ...

2. Le chat est sur la case 9,
il recule de 2 cases,
sur quelle case arrive-t-il ?

[..........] ←(− ....)— [..........]

9 − 2 = ...

Infos +

Votre enfant apprend ici à utiliser la piste des nombres pour trouver le résultat d'une addition ou d'une soustraction. Par la suite, il pourra utiliser cette piste pour vérifier ses calculs.

Calcule.

16 → (+3) → ....
$16 + 3 =$ ....

9 → (+4) → ....
$9 + 4 =$ ....

13 → (+2) → ....
$13 + 2 =$ ....

.... ← (−5) ← 8
$8 - 5 =$ ....

.... ← (−2) ← 10
$10 - 2 =$ ....

4 ← (−2) ← ....
.... $- 2 = 4$

En t'aidant de la piste des nombres, calcule.

1	2	3	4	5	6	7	8	9	10	11	12	13	14	15	16	17	18	19	20

$11 + 4 =$ .... $8 + 3 =$ .... $15 + 3 =$ .... $9 + 2 =$ ....

$13 - 1 =$ .... $7 - 4 =$ .... $14 - 3 =$ .... $12 - 4 =$ ....

Colorie en bleu les cases où le calcul est égal à 10.

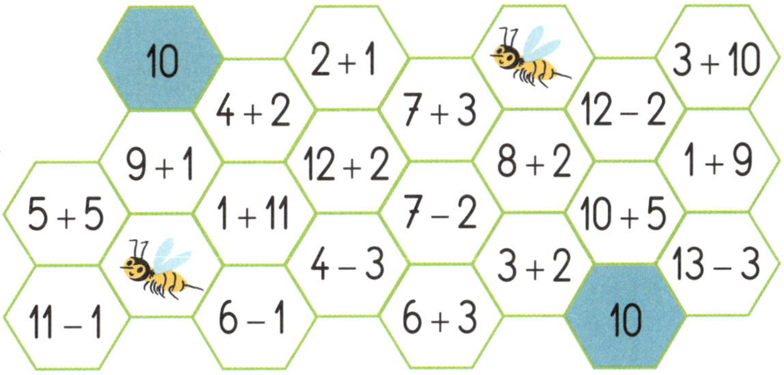

Problème

La souris était sur la case 6 de la piste des nombres, elle avance et arrive sur la case 10.

- **De combien de cases la souris a-t-elle avancé ?** ....
- **De combien de cases doit-elle alors reculer pour retourner à la case 6 ?** ....

Le calcul additif en ligne

J'observe

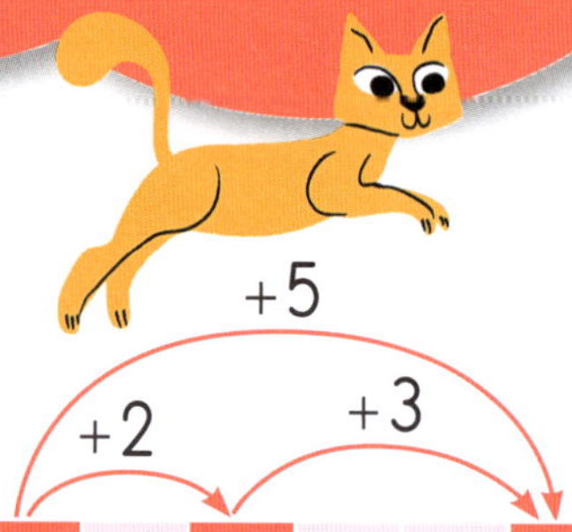

1	2	3	4	5	6	7	8	9	10	11	12	13	14	15	16	17	18	19	20

Le chat est sur la case 8,
il avance de 5.
Quel est le nombre
sur la case d'arrivée ?

....

Complète : 8 + 5 = ...

Pour trouver ce nombre, le chat fait 2 sauts.
Pour arriver à 10, il avance de 2 cases.
Puis, comme 5 = 2 + 3, il avance encore de 3.
Pour raconter cette histoire, je fais un schéma.

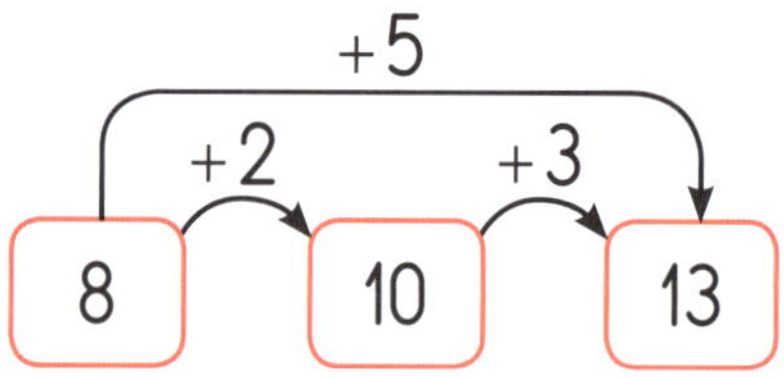

Je m'entraîne

En t'aidant de la piste des nombres, complète les schémas et les calculs correspondants.

1	2	3	4	5	6	7	8	9	10	11	12	13	14	15	16	17	18	19	20

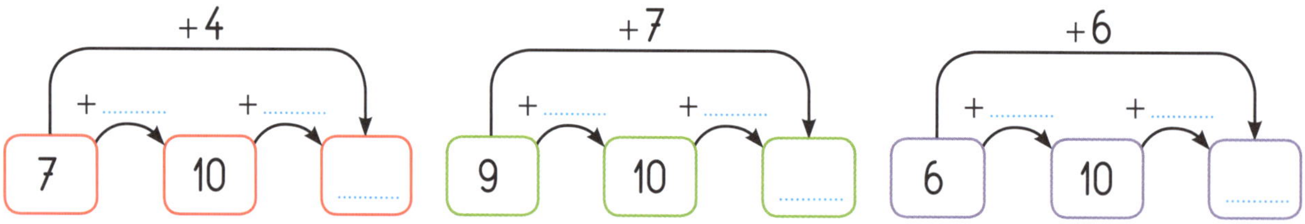

7 + 4 = ...

9 + 7 = ...

6 + 6 = ...

Infos +

Il s'agit dans cette page de donner une méthode pour aider votre enfant à retrouver facilement les résultats des tables d'addition lorsque le deuxième terme de l'addition fait passer le résultat au-dessus de 10. Il s'agit alors de faire le calcul en deux temps avec appui sur 10 et de permuter les deux termes quand le plus grand est le deuxième.

Calcule.

5 + ... = 10   7 + ... = 10   6 + ... = 10   8 + ... = 10

Complète le schéma et le calcul de Tom.

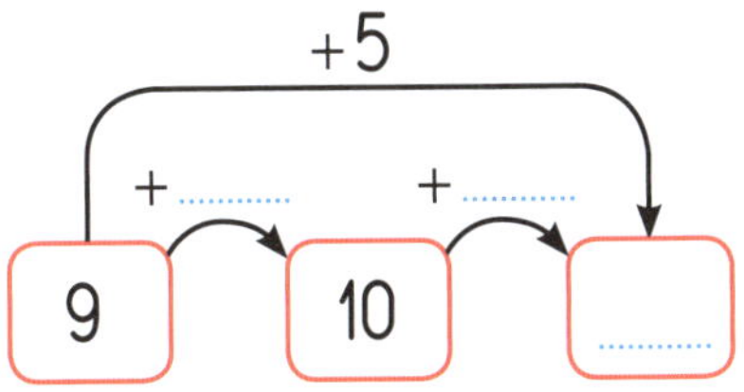

5 + 9 = 9 + 5 = ...

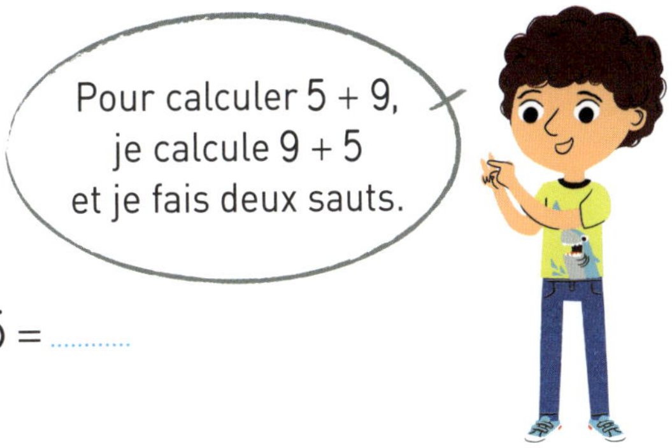

Calcule comme Tom.

4 + 7

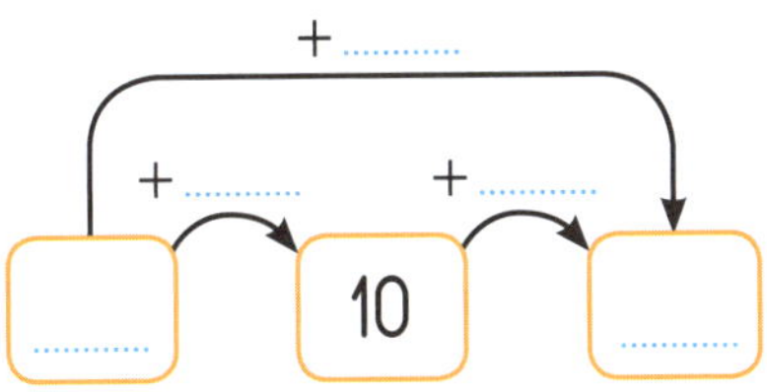

4 + 7 = 7 + 4 = ...

3 + 8

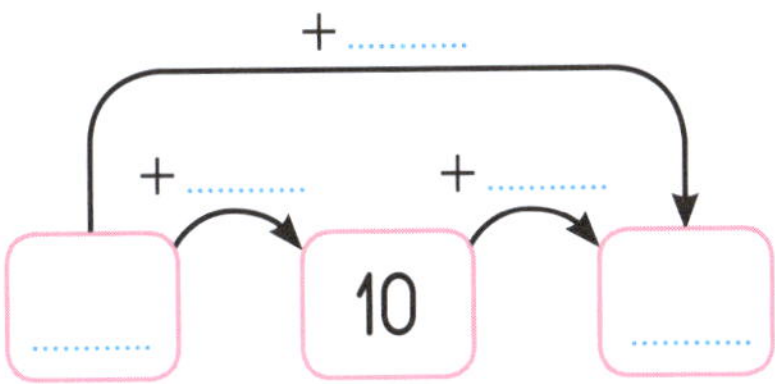

3 + 8 = 8 + ... = ...

6 + 8

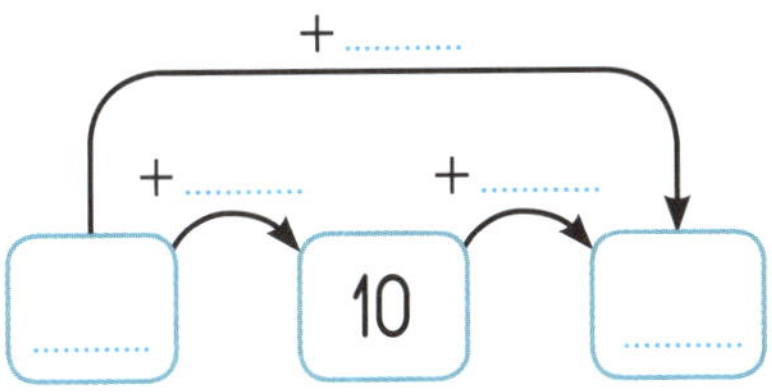

6 + 8 = ... + ... = ...

Calcule chaque somme d'argent.

A 

A = ...

B 

B = ...

C 

C = ...

Problème

Combien d'euros Tom a-t-il dans sa tirelire ?

Ta réponse : ....

Ton calcul : ....

La table d'addition

J'observe

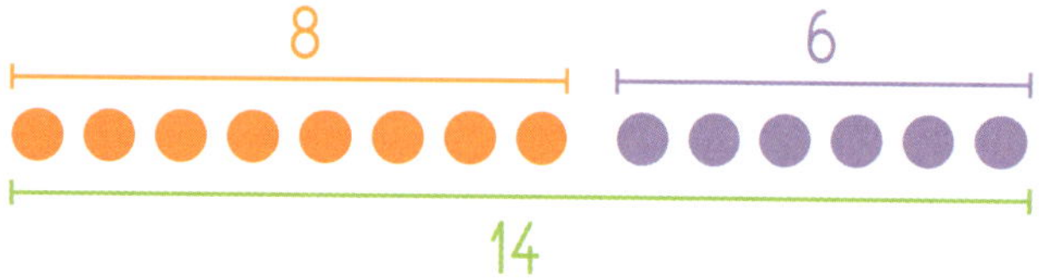

J'ai compris que lorsque je connais le résultat d'une addition, par exemple 8 + 6 = 14, je connais aussi le résultat de 6 + 8, c'est aussi 14 !

Complète les deux additions à trous.

14 = 8 + ... et 14 = 6 + ...

Tu peux aussi compléter facilement

14 = 8 + ... 14 = 6 + ...

Je m'entraîne

Réponds aux questions.

Les nombres dans les cases roses sont les doubles, continue de remplir les cases roses.
Continue de compléter les cases vertes.
Complète maintenant toutes les autres cases.

+	1	2	3	4	5	6	7	8	9
1									
2									
3				7				11	
4			7						
5					10				
6						12		14	
7		9							
8						14			
9									

Dans cette case, qui est sur la ligne du nombre 3 et la colonne du nombre 8, j'écris le nombre 11, qui est la somme des nombres 3 et 8.

Infos +

Connaître la table d'addition signifie savoir répondre à 3 types de questions :

- 8 + 6, c'est combien ?
- 14, c'est 8 + combien ?
  ou 14, c'est 6 + combien ?
- 14, c'est combien + combien ?

Calcule. Vérifie en regardant dans le tableau ci-contre le résultat que tu as trouvé.

6 + 4 = ...	9 + 3 = ...	7 + 6 = ...	8 + 4 = ...
4 + 6 = ...	3 + 9 = ...	6 + 7 = ...	4 + 8 = ...
7 + ... = 11	3 + ... = 8	8 + ... = 13	4 + ... = 9
9 + ... = 16	8 + ... = 11	2 + ... = 9	6 + ... = 15

Calcule.

2 + 6 + 4 = ...

2 + 7 + 7 = ...

.... = ...

.... = ...

Complète.

+	4	8	2
7			
3			
5			

+			
6		7	
2	9		
9			18

+	5	3	6
			14
		4	
	9		

Problème

Mon album de photos a 16 pages.
J'ai déjà rempli 7 pages.

Combien de pages sont encore vides ?

Ta réponse : ....

Ton calcul : ....

Récréation
Le totem

Peux-tu recouvrir entièrement le totem avec les gommettes ?

Entoure la bonne réponse : oui non

Combien de gommettes triangles y a-t-il ? ....

Combien de gommettes carrées y a-t-il ? ....

Combien de gommettes rondes y a-t-il ? ....

Combien de gommettes y a-t-il en tout ? ....

Les chemins

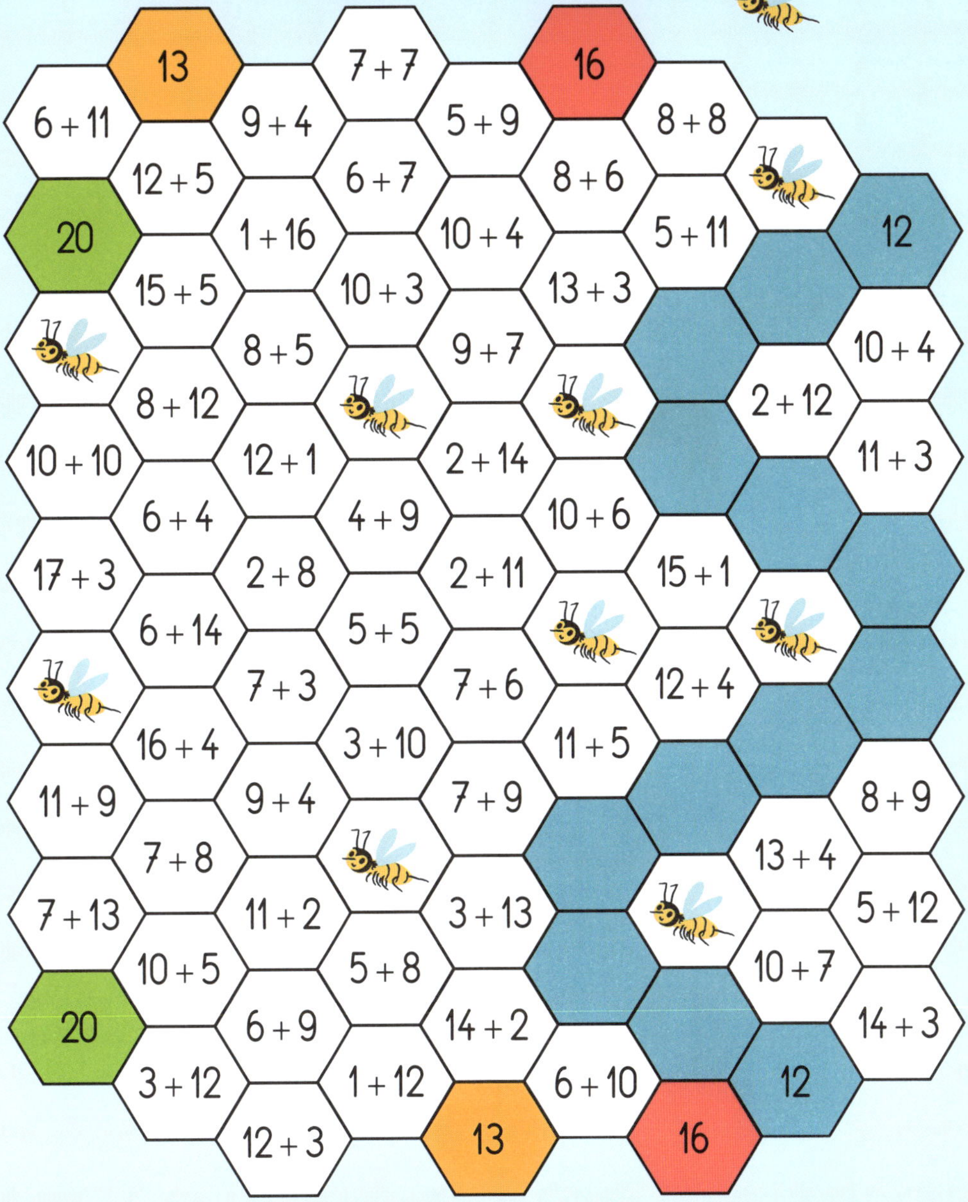

Relie en jaune les deux cases 13 en passant par les alvéoles qui contiennent des sommes égales à 13.

Relie en rouge les deux cases 16 en passant par les alvéoles qui contiennent des sommes égales à 16.

Relie en vert les deux cases 20 en passant par les alvéoles qui contiennent des sommes égales à 20.

Le chemin du nombre 12 est tracé. Complète-le.

Le calcul soustractif en ligne

J'observe

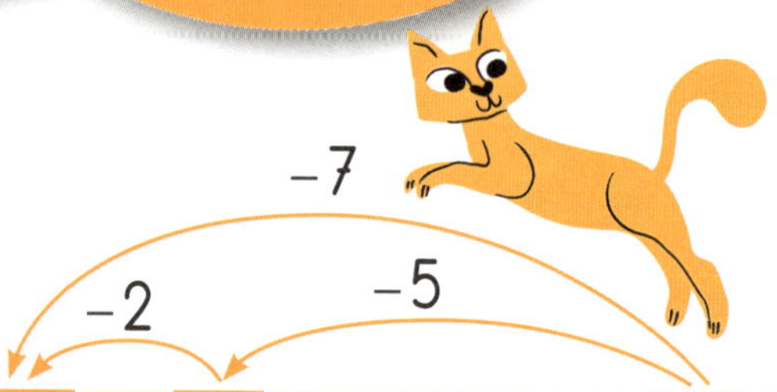

1	2	3	4	5	6	7	8	9	10	11	12	13	14	15	16	17	18	19	20

Le chat est sur la case 15,
il recule de 7.
Quel est le nombre
sur la case d'arrivée ?

....

Complète : 15 – 7 = ...

Pour trouver ce nombre, le chat fait 2 sauts.
Pour arriver à 10, il recule de 5 cases.
Puis, comme 7 = 5 + 2, il recule encore de 2.
Pour raconter cette histoire, je fais un schéma.

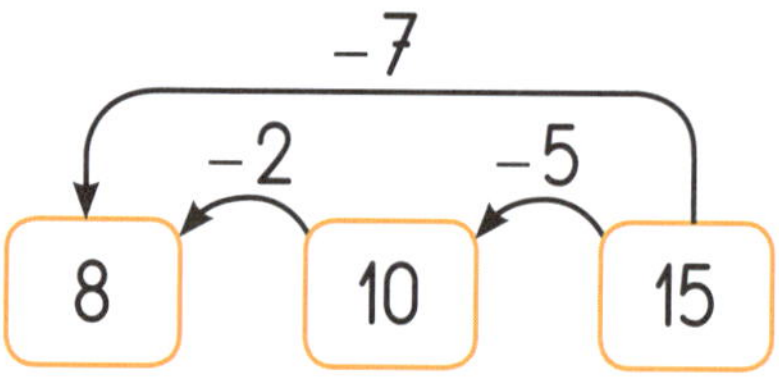

Je m'entraîne

En t'aidant de la piste des nombres, complète les schémas et les calculs correspondants.

1	2	3	4	5	6	7	8	9	10	11	12	13	14	15	16	17	18	19	20

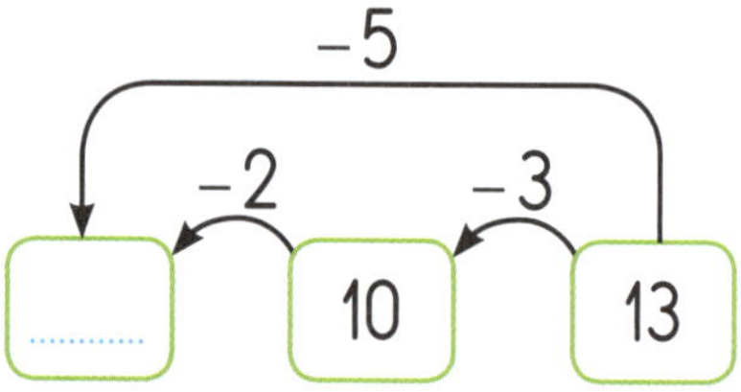

13 – 5 = ...

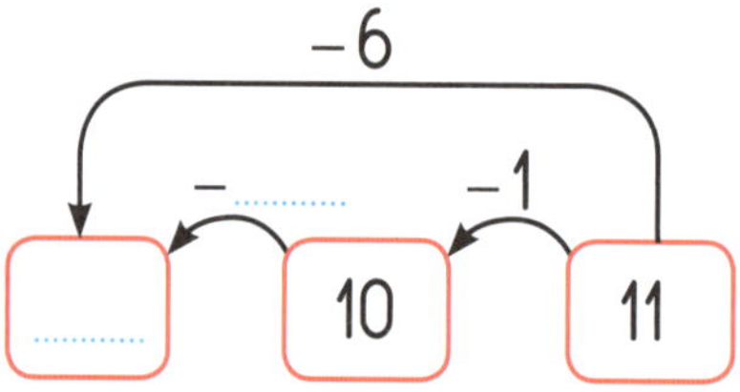

11 – 6 = ...

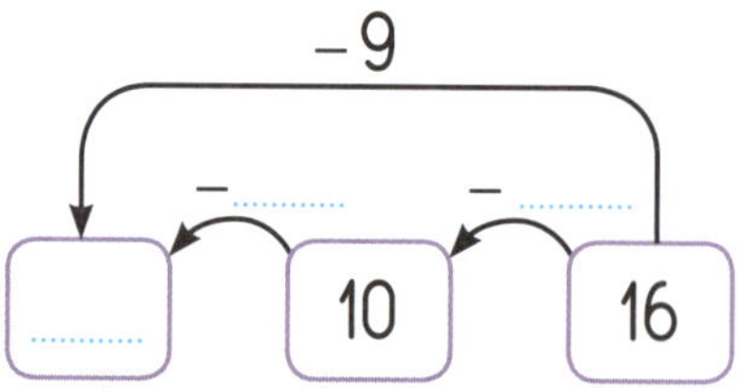

16 – 9 = ...

Infos +

Votre enfant va découvrir dans cette page que les calculs sont plus faciles quand on décompose le nombre à soustraire pour passer par 10. Cette méthode est très utile en calcul mental.

Calcule.

10 – 6 = ...
10 – 2 = ...
10 – 7 = ...

10 – 5 = ...
10 – 9 = ...
10 – 8 = ...

10 – 4 = ...
10 – 3 = ...
10 – 1 = ...

13 – 3 – 4 = ...
16 – 6 – 1 = ...
14 – 4 – 5 = ...

Calcule en complétant les schémas.

17 – 9

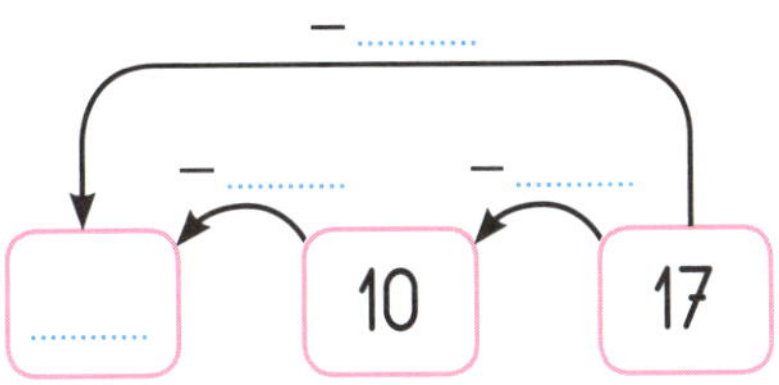

17 – 9 = ...

12 – 7

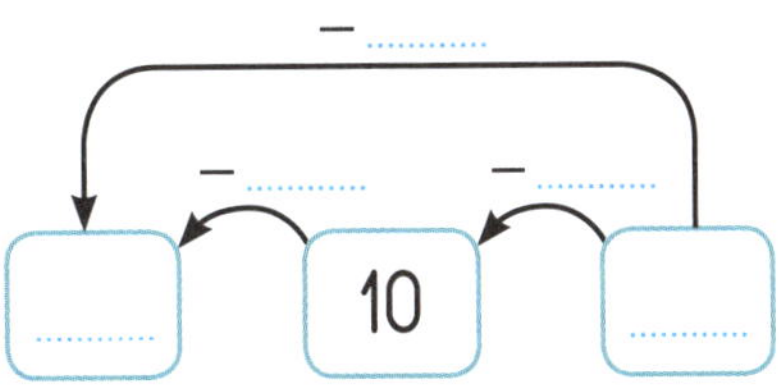

12 – 7 = ...

15 – 8

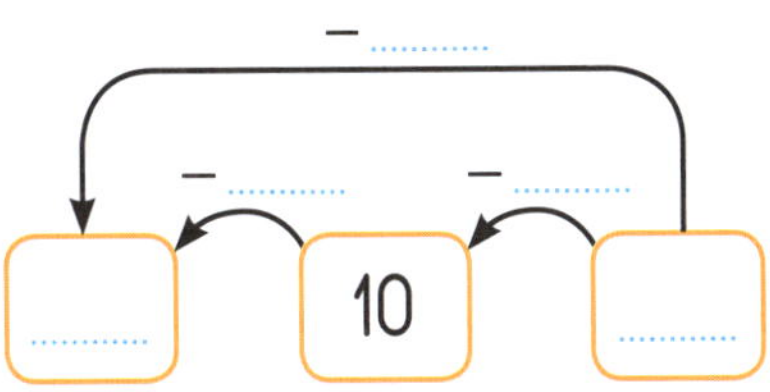

15 – 8 = ...

Problème

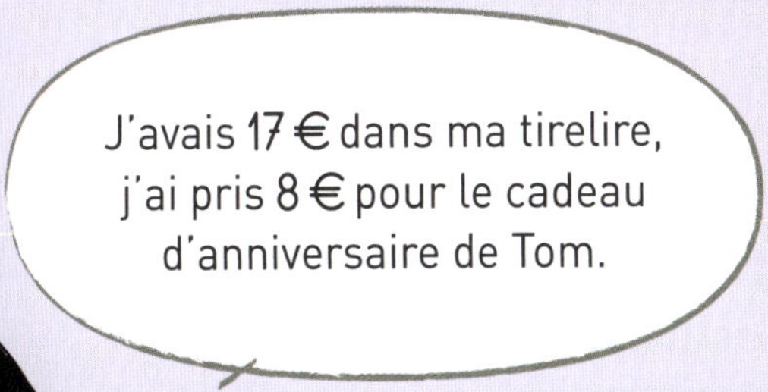

Combien d'euros Kim a-t-elle maintenant dans sa tirelire ?

Ta réponse : ....

Ton calcul : ....

La multiplication l'addition réitérée

J'observe

J'ai 5 sachets de bonbons.
Dans chaque sachet,
il y a 4 bonbons.

J'ai 4 sachets de bonbons.
Dans chaque sachet,
il y a 5 bonbons.

Combien de bonbons Kim a-t-elle ? ....

Complète : 4 + 4 + 4 + 4 + 4 = ...

Combien de bonbons Tom a-t-il ? ....

Complète : 5 + 5 + 5 + 5 = ...

Quand on ajoute 5 fois le nombre 4
ou 4 fois le nombre 5, on dit
que l'on multiplie 4 par 5 ou 5 par 4.

Je m'entraîne

Réponds à la question.

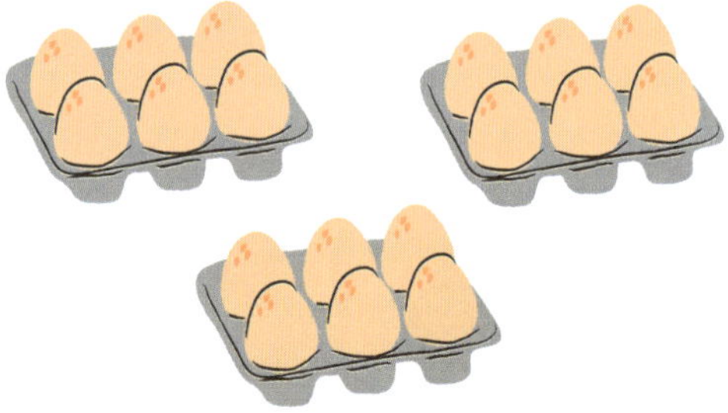

Chloé achète 3 boîtes de 6 œufs.
Combien d'œufs Chloé a-t-elle en tout ?

....

Calcule.

2 + 2 + 2 + 2 + 2 = ...

3 + 3 + 3 + 3 + 3 + 3 + 3 = ...

5 + 5 = ...

7 + 7 + 7 = ...

Infos +
Il s'agit de travailler sur le sens de la multiplication en étudiant des situations conduisant à effectuer des additions réitérées, sans introduire le signe « multiplier ». Votre enfant va aussi découvrir qu'il revient au même d'additionner 4 fois le nombre 5 ou 5 fois le nombre 4, ce qui préfigure la commutativité (le fait de pouvoir placer les 2 termes de l'opération en 1er ou en 2e indifféremment).

Réponds aux questions.

Tom dit que pour calculer $2 + 2 + 2 + 2 + 2 + 2 + 2 + 2 + 2 + 2$, il calcule $10 + 10$.

A-t-il raison ? .... Quel résultat trouve-t-il ? ....

Réponds aux questions.

1. Combien de fleurs y a-t-il dans chaque bouquet ? ....

Combien de bouquets y a-t-il ? ....

Combien de fleurs y a-t-il en tout ? ....

2. Combien de salades y a-t-il dans chaque rangée ? ....

Combien de rangées y a-t-il ? ....

Combien de salades y a-t-il en tout ? ....

3. Combien de lignes y a-t-il dans ce quadrillage ? ....

Combien de colonnes y a-t-il ? ....

Combien de cases y a-t-il ? ....

4. Dessine 3 lignes contenant 4 jetons chacune.

Combien de jetons as-tu dessinés ? ....

Problème

J'ai gagné 6 pochettes. Chaque pochette contient 3 images.

Combien d'images Kim a-t-elle gagnées ?

Ta réponse : ....

Ton calcul : ....

Les doubles et les moitiés

J'observe

Au jeu de domino, c'est une chance de tirer des doubles !

Combien de points y a-t-il en tout sur chacun des dominos ?

1 + 1 = ... 2 + 2 = ... 3 + 3 = ... 4 + 4 = ... 5 + 5 = ... 6 + 6 = ...

5 + 5 = 10, on dit que 10 est le double de 5 ou que 5 est la moitié de 10.

Complète.

Le double de 10, c'est 10 + 10, c'est .... 10 + 10 = ...

La moitié de 20, c'est ....

Je m'entraîne

Complète.

Sur la première ligne, Tom a mis .... voitures.

Sur la deuxième ligne, il a mis .... voitures.

En tout Tom a .... voitures. 7 + 7 = ... Le double de 7, c'est ....

Infos +

On peut dire : « Tu as 5 billes, j'en ai le double. »
ou bien « Tu as 5 billes, j'en ai deux fois plus. »

De même, on peut dire « J'ai 10 billes, tu en as la moitié. »
ou bien « J'ai 10 billes, tu en as deux fois moins. »

Réponds aux questions.

1. Kim et Tom jouent avec 18 billes, chacun en prend la moitié.
Dessine les billes de chacun.

Billes de Kim	Billes de Tom
.... billes	.... billes

La moitié de 18, c'est ....

2. Dans la tirelire bleue, il y a 10 €.
Dans la tirelire verte, il y en a le double.

Combien d'euros, y a-t-il dans la tirelire verte ? ....

10 + ... = ... Quel est le double de 10 ? ....

Continue la suite des nombres en avançant de 2 en 2.

2	4	6	......	......	......	......	......	......	......

Écris le double de chacun des nombres.

4	9	5	8	7
↓	↓	↓	↓	↓
......	......	......	......	......

Écris la moitié de chacun des nombres.

4	2	12	6	20
↓	↓	↓	↓	↓
......	......	......	......	......

Problème

Calcule.

Combien de figurines Tom a-t-il ? ....

Combien de figurines Zoé a-t-elle ? ....

Les nombres de 21 à 29

J'observe

Complète la piste des nombres de 10 à 29.

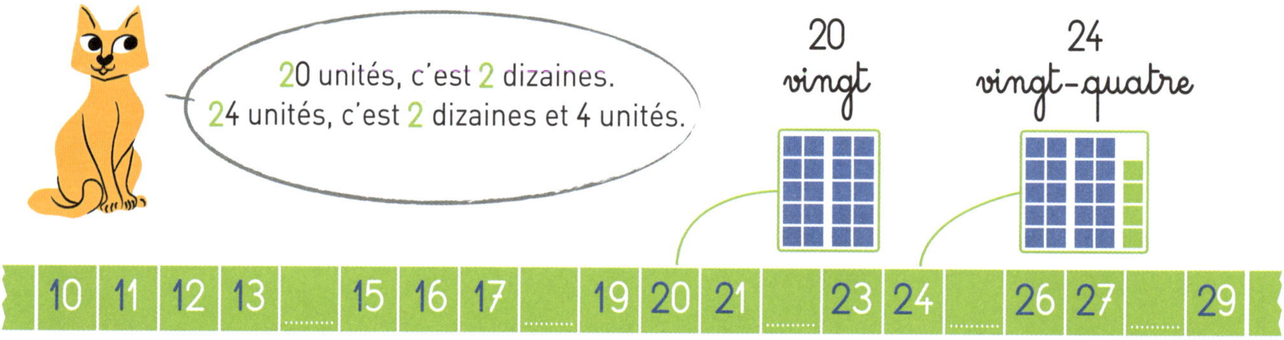

Je m'entraîne

Réponds aux questions.

1. Combien de fourmis sont dessinées ? ....

Pour compter plus facilement tu peux grouper les fourmis par 10.

2. Mets une croix sous l'image où il y a 27 coccinelles.

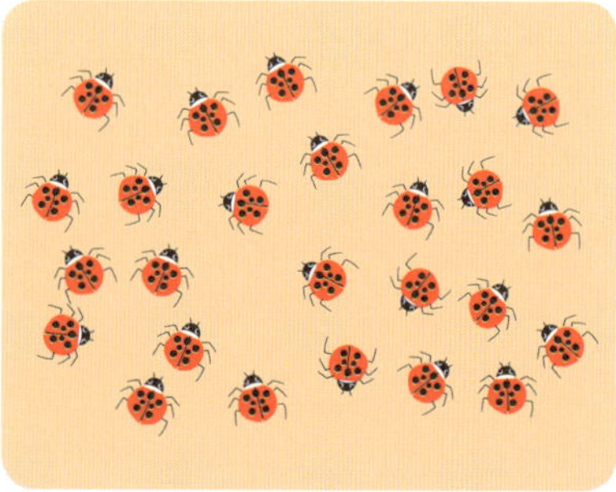

....

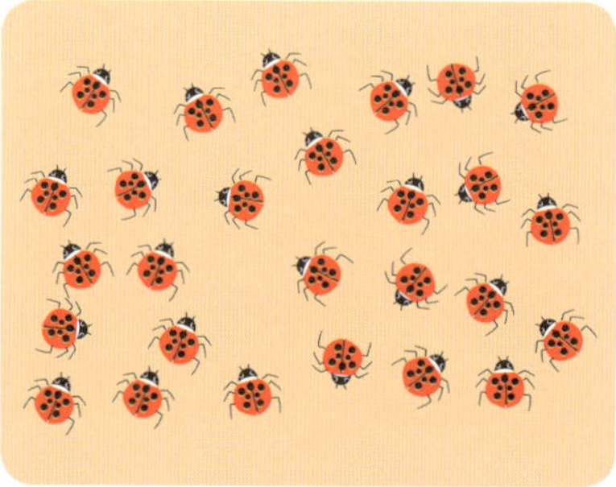

....

Infos +
Pour aider votre enfant à distinguer les objets déjà comptés et ceux qui restent à compter, proposez-lui de marquer ou barrer les objets au fur et à mesure qu'il les compte.

Complète.

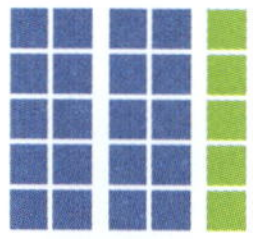	10 + ... + 5	20 + 5	25	...... dizaines et ...... unités
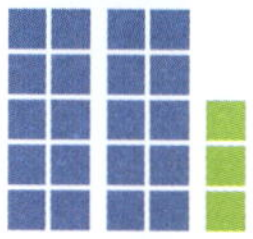	10 + 10 + ...	...... + 3	......	2 dizaines et ...... unités
	...... + ... + 8	20 + ...	......	2 ...... et 8 ......

Écris en chiffres.

vingt-trois : ......

vingt-six : ......

vingt-neuf : ......

vingt et un : ......

Écris en lettres.

22 : ......

28 : ......

25 : ......

27 : ......

Souligne le nombre le plus grand et mets le signe < ou le signe >.

23 ...... 26　　21 ...... 12　　29 ...... 19　　20 10

Problème

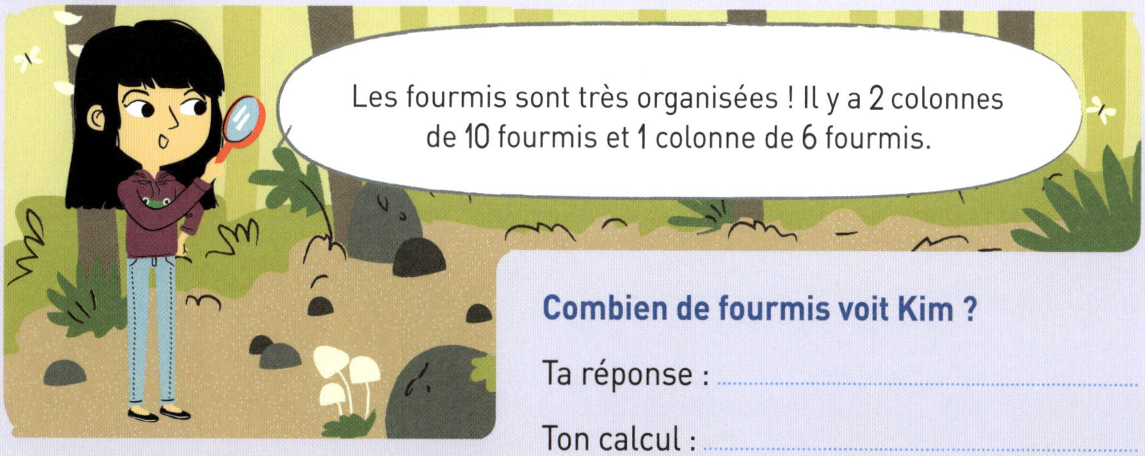

Combien de fourmis voit Kim ?

Ta réponse : ......

Ton calcul : ......

30 • trente et les nombres de 1 à 30

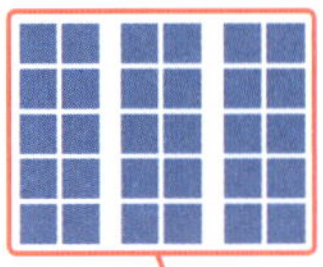

J'observe

14 | 15 | 16 | 17 | 18 | 19 | 20 | 21 | 22 | 23 | 24 | 25 | 26 | 27 | 28 | 29 | 30 | 31

Combien vois-tu de personnes en tout ?

.... personnes

Je m'entraîne

Écris le nombre de poissons sous chaque dessin.

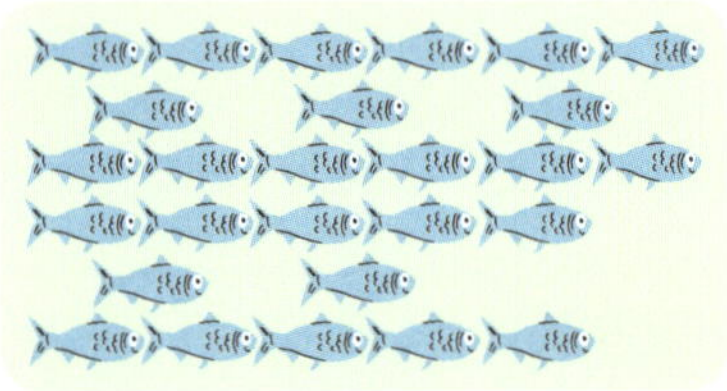

....

Écris le score de chaque enfant.

Léa ....

10 10 10
5 5 5 5
2 2

Mia ....

10 10 10
5 5 5 5
2 2

Nina ....

10 10 10
5 5 5 5
2 2

Range les scores dans l'ordre croissant : .... < .... < ....

Infos +

Expliquez à votre enfant que quand on ajoute 1 unité à 9 unités on obtient 10 unités, qui forment 1 dizaine. De même, quand on ajoute 1 unité à 29 unités on obtient 30 unités, qui forment 3 dizaines.

Complète la suite des nombres en reculant de 1 en 1.

30	29	28	......	26	......	......	23	......	......

Calcule les sommes.

A 

B 

A = 20 € + 10 € = ... €

B = ... = ... €

Range les scores dans l'ordre croissant : ...... < ......

Souligne le nombre le plus grand et mets le signe < ou le signe >.

23 ...... 27 24 ...... 19 8 ...... 30 20 ...... 16 30 3

Calcule.

10 + 10 + 5 = ... 20 + 6 + 4 + 3 = ... 9 + 1 + 3 + 7 + 4 + 6 = ...

30 – 1 = ... 30 – 10 = ... 30 – 20 = ... 30 – 5 = ...

Problème

Réponds aux questions.

Combien de perles Tom a-t-il ? ...... Combien de perles Kim a-t-elle ? ......

Qui a le plus de perles, Tom ou Kim ? ......

Les nombres de 31 à 39

J'observe

Complète la piste des nombres de 20 à 39.

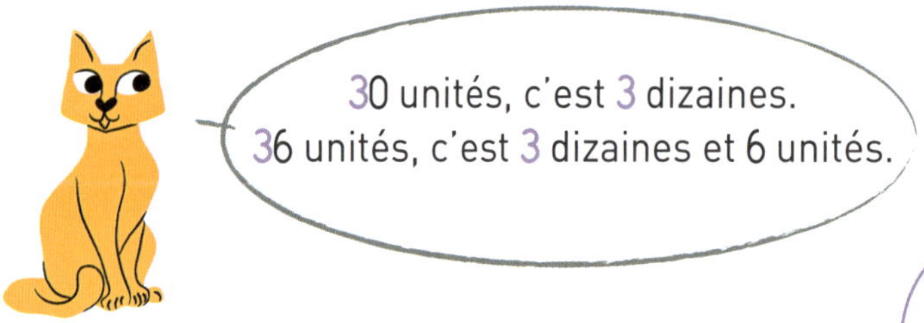

30
trente

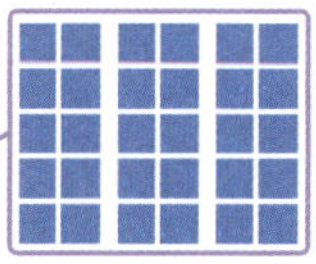

36
trente-six

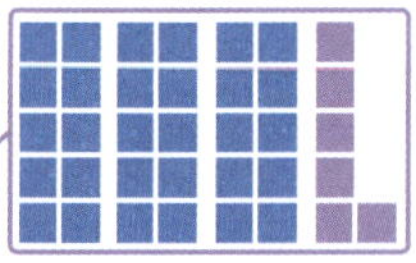

20	21	....	23	24	....	26	27	....	29	30	31	32	....	....	....	36	....	....	39

Je m'entraîne

Combien de coquillages y a-t-il dans le collier ?

.... coquillages

Complète la collection de coquillages pour qu'il y ait 35 coquillages.

Barre les coquillages en trop pour qu'il y ait 30 coquillages.

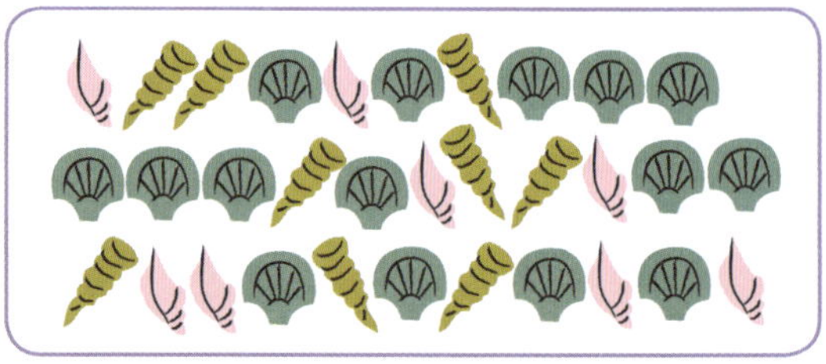

Infos +

Entraînez votre enfant à dire la suite des nombres dans l'ordre croissant et dans l'ordre décroissant à partir de n'importe quel nombre.

Complète.

	10 + 10 + 10 + ...	30 + 9	39	.... dizaines et .... unités
	10 + 10 + ... + ...	.... + 4	....	.... dizaines et 4 ....
	.... + ... + ... + ...	30 + ...	....	3 .... et ....

Écris en chiffres.

trente-cinq : ....

trente-sept : ....

trente-huit : ....

trente-deux : ....

Écris en lettres.

33 : ....

39 : ....

34 : ....

31 : ....

Souligne le nombre le plus grand et mets le signe < ou le signe >.

27 36   32 23   37 35   16 33

Problème

• Sur quelle case le pion de Tom arrive-t-il ?

Ta réponse : ....

Ton calcul : ....

• Sur quelle case le pion de Kim arrive-t-il ?

Ta réponse : ....

Ton calcul : ....

L'addition posée

J'observe

Pour trouver combien de photos Kim a fait en tout, Chloé pose une addition.

J'ai fait 16 photos ce matin et 23 photos cet après-midi.

1

J'ai écris les unités sous les unités, les dizaines sous les dizaines.

$$\begin{array}{r} 1\ 6 \\ +\ 2\ 3 \\ \hline \end{array}$$

2

J'additionne les unités 6 + 3 = 9. J'écris 9 dans la colonne des unités.

$$\begin{array}{r} 1\ 6 \\ +\ 2\ 3 \\ \hline 9 \end{array}$$

3

J'additionne les dizaines 1 + 2 = 3 et j'écris 3 dans la colonne des dizaines.

$$\begin{array}{r} 1\ 6 \\ +\ 2\ 3 \\ \hline 3\ 9 \end{array}$$

4

Et voilà ! 16 + 23 = 39.

Applique cette méthode pour calculer 14 + 21.

14 + 21 = ...

Je m'entraîne

Pose et calcule.

21 + 14 | 17 + 22 | 13 + 15 | 24 + 11

21 + 14 = ... | 17 + 22 = ... | 13 + 15 = ... | 24 + 11 = ...

Infos +
Votre enfant apprend ici à poser l'opération, à additionner les unités entre elles et les dizaines entre elles.
Il étudiera un peu plus tard l'addition avec retenue.

Réponds aux questions.

1. Audrey avait 14 voitures. Karim lui en donne 15.
Combien de voitures Audrey a-t-elle maintenant ?

Ta réponse : ....

Ton calcul : ....

2. Nicolas a 21 timbres et Marie a 15 timbres.
Combien de timbres ont-ils ensemble ?

Ta réponse : ....

Ton calcul : ....

3. Dans l'autobus, il y a 15 personnes.
À l'arrêt suivant, 12 personnes montent.
Combien de personnes sont maintenant dans l'autobus ?

Ta réponse : ....

Ton calcul : ....

Problème

Combien la maman de Kim a-t-elle dépensé ?

Ta réponse : ....

Ton calcul : ....

Récréation
Les nombres croisés

Règle du jeu : Pour chaque ligne et chaque colonne, tu lis le ou les calculs à effectuer, puis tu écris chaque résultat en inscrivant un chiffre par case.

La table d'addition

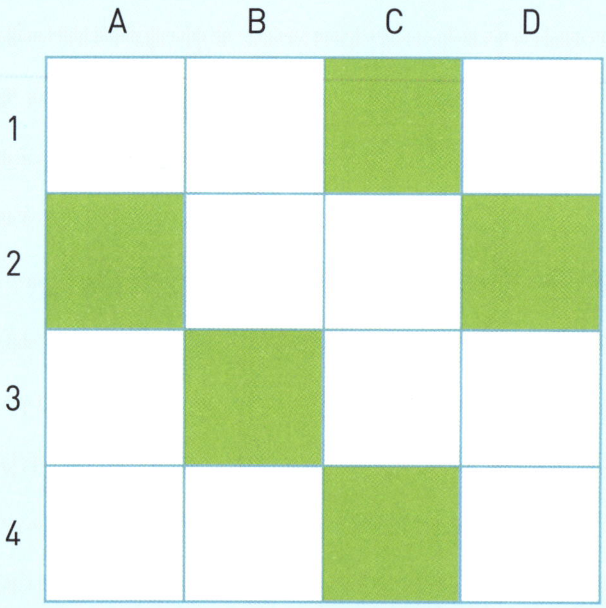

Horizontalement

1. * 6 + 7 * 4 + 3
2. * 6 + 5
3. * 2 + 1 * 5 + 8
4. * 7 + 6 * 3 + 2

Verticalement

A. * 1 + 0 * 30 + 1
B. * 1 + 30 * 2 + 1
C. * 10 + 1
D. * 6 + 1 * 30 + 5

La table de soustraction

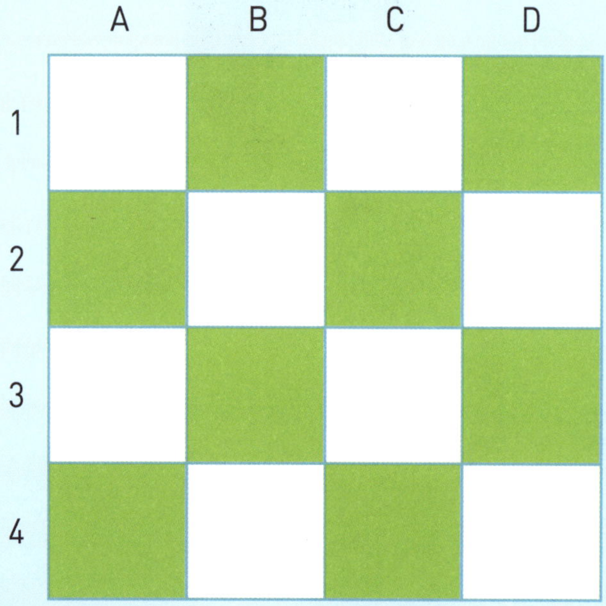

Horizontalement

1. * 6 – 2 * 9 – 2
2. * 5 – 3 * 7 – 4
3. * 8 – 5 * 9 – 1
4. * 8 – 2 * 9 – 4

Verticalement

A. * 9 – 5 * 6 – 3
B. * 9 – 7 * 7 – 1
C. * 8 – 1 * 10 – 2
D. * 9 – 6 * 8 – 3

Le compte est bon

Règle du jeu : Tu dois atteindre le nombre cible en choisissant d'additionner des nombres écrits sur les cartes.

Jeu 1

Pour atteindre le nombre cible 18,

Kim a choisi 3 cartes, lesquelles ?

18 = ... + ... + ...

Tom a choisi 4 cartes, lesquelles ?

18 = ... + ... + ... + ...

Jeu 2

Pour atteindre le nombre cible 25, trouve 2 solutions :

1re solution : ....

2e solution : ....

Jeu 3

Pour atteindre le nombre cible 37, trouve 2 solutions :

1re solution : ....

2e solution : ....

40 • quarante et les nombres de 1 à 40

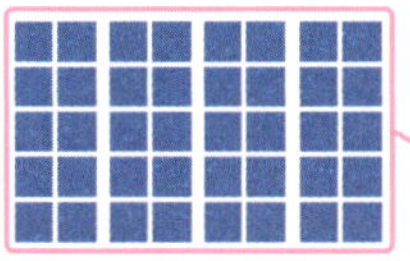

24 25 26 27 28 29 30 31 32 33 34 35 36 37 38 39 40 41

J'observe

Combien d'images vois-tu ?

.... images.

Je m'entraîne

Écris le nombre d'insectes sous chaque image.

....

....

....

Écris le score de chaque enfant.

Kim ....

Mia ....

Nina ....

Infos +

Pour aider votre enfant à dénombrer de grandes collections, proposez-lui de faire des groupes de 10, puis de compter les groupes de 10 (les dizaines) et les objets qui restent (les unités).

Complète la suite des nombres en décroissant de 1 en 1.

40	39	....	....	....	....	....	33	....	....

Réponds aux questions.

Calcule les sommes.

A 

B 

C 

A = 20 € + 20 € = ...

B = ... = ...

C = ... = ...

Range les sommes dans l'ordre croissant : .... < .... < ....

Souligne le nombre le plus grand et mets le signe < ou le signe >.

36 .... 28 23 .... 29 38 .... 19 30 .... 18 20 40

Calcule.

10 + 10 + 10 + 3 = ... 30 + 5 = ... 10 + 6 + 4 + 5 + 5 + 1 = ...

40 – 1 = ... 40 – 10 = ... 40 – 20 = ... 40 – 5 = ...

Problème

J'ai fabriqué 38 caramels. Je les mets dans des sachets de 10 caramels.

- **Combien de sachets Tom peut-il remplir ?** ....
- **Combien de caramels lui reste-t-il ?** ....

Les nombres de 41 à 49

J'observe

40 unités, c'est 4 dizaines.
47 unités, c'est 4 dizaines et 7 unités.

40
quarante

47
quarante-sept

30	31	......	33	34	......	36	37	......	39	40	41	42	......	......	......	46	47	......	49

✱ Complète la piste des nombres de 30 à 49.

Je m'entraîne

✱ Calcule les sommes.

A 

B 

C 

A = ...

B = ...

C = ...

✱ Complète la collection de coquillages pour qu'il y ait 43 coquillages.

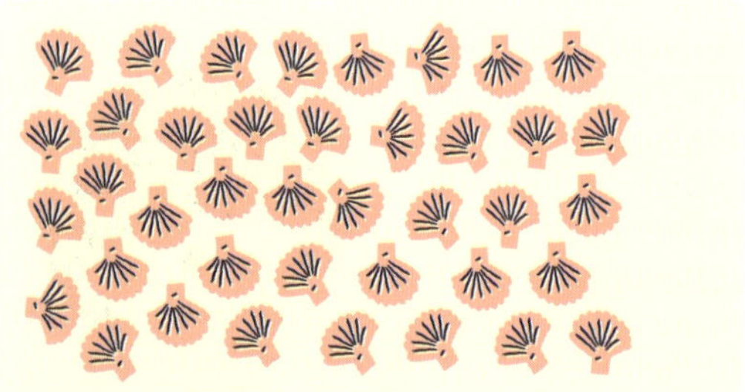

✱ Barre les coquillages en trop pour qu'il y ait 40 coquillages.

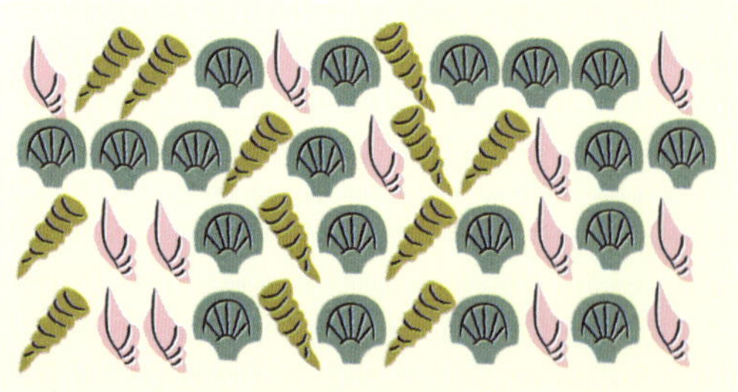

Infos +
Habituez votre enfant à exprimer le nombre d'éléments d'une collection en nombre de dizaines et d'unités.

Complète.

	40 + 8	48	.... dizaines et .... unités
	.... + 3	....	.... dizaines et 3 unités
	40 + ...	....	4 .... et ....

Écris en chiffres.

quarante et un : ....

quarante-quatre : ....

quarante-six : ....

quarante-sept : ....

Écris en lettres.

49 : ....

42 : ....

48 : ....

43 : ....

Souligne le nombre le plus grand et mets le signe < ou le signe >.

45 24   36 39   41 48   39 9

Problème

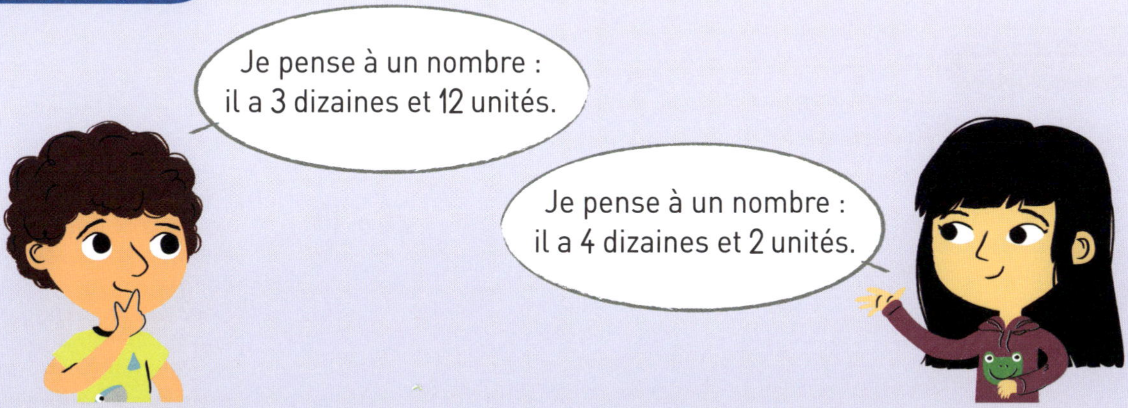

- **Quel est le nombre de Tom ?** ....
- **Quel est le nombre de Kim ?** ....

L'addition posée avec retenue

J'observe

Hier, nous avons parcouru 27 kilomètres !
Et aujourd'hui, 18 kilomètres !

Pour trouver combien de kilomètres Kim et Tom ont parcourus en tout, Chloé pose une addition.

1 J'ai écris les unités sous les unités, les dizaines sous les dizaines.

$$\begin{array}{rrr} & 2 & 7 \\ + & 1 & 8 \\ \hline & & \end{array}$$

2 J'additionne les unités : 7 + 8 = 15. C'est 1 dizaine et 5 unités. J'écris 5 dans la colonne des unités et 1 pour la dizaine dans la colonne des dizaines.

$$\begin{array}{rrr} & {}^{1} & \\ & 2 & 7 \\ + & 1 & 8 \\ \hline & & 5 \end{array}$$

3 J'additionne les dizaines : 1 + 2 + 1 = 4 et j'écris 4 dans la colonne des dizaines.

$$\begin{array}{rrr} & {}^{1} & \\ & 2 & 7 \\ + & 1 & 8 \\ \hline & 4 & 5 \end{array}$$

4 Et voilà ! 27 + 18 = 45.

Applique cette méthode pour calculer 14 + 28.

14 + 28 = ...

Je m'entraîne

Pose et calcule.

25 + 17	19 + 15	16 + 24	26 + 18
25 + 17 = ...	19 + 15 = ...	16 + 24 = ...	26 + 18 = ...

Infos +

Veillez à ce que votre enfant dispose les chiffres correctement. Donnez son véritable statut à la retenue : ce n'est pas une unité mais une dizaine que l'on place donc dans la colonne des dizaines.

Réponds aux questions.

1. Audrey a 28 voitures. Tim lui en donne 16.
Combien de voitures Audrey a-t-elle maintenant ?

Ta réponse : ....

Ton calcul : ....

2. Nicolas a 19 timbres et Marie a 26 timbres.
Combien de timbres ont-ils ensemble ?

Ta réponse : ....

Ton calcul : ....

3. Dans l'autobus, il y a 27 personnes.
À l'arrêt suivant, 13 personnes montent.
Combien de personnes sont maintenant dans l'autobus ?

Ta réponse : ....

Ton calcul : ....

Problème

Combien a-t-elle payé ?

Ta réponse : ....

Ton calcul : ....

Le partage équitable

J'observe

Partager équitablement, cela signifie que les parts sont égales.

Léon, Mia, Marie et Téo jouent au jeu de la bataille.
Mia distribue 20 cartes.
Chaque enfant doit avoir le même nombre de cartes.

Combien de cartes va recevoir chaque enfant ? ....

Y a-t-il des cartes qui ne seront pas distribuées ? ....

Pour raconter cette histoire on écrit :
$5 + 5 + 5 + 5 = 20$.

Je m'entraîne

Réponds aux questions.

1. Kim et Tom se partagent équitablement ces figurines.
Combien de figurines aura chaque enfant ?

Ta réponse : ....

Ton calcul : ....

2. Pour le goûter, Tom, Kim et Marie se partagent équitablement 15 biscuits.
Combien de biscuits aura chaque enfant ?

Ta réponse : ....

Ton calcul : ....

Restera-t-il des biscuits ? ....

Infos +

Proposez à votre enfant de répartir effectivement 20 cartes entre 4 personnes.
Une fois sa répartition faite, demandez-lui de vérifier que chaque joueur a bien le même nombre de cartes.
Recommencez en changeant le nombre de cartes et/ou le nombre de joueurs.

Réponds aux questions.

1. Kim, Tom, Téo et Marie se répartissent équitablement 24 images.
   Combien d'images aura chaque enfant ?

   Ta réponse : ....

   Ton calcul : ....

2. Le professeur de sport achète 4 ballons de football identiques. Il paie 20 €.
   Quel est le prix d'un ballon ?

   Ta réponse : ....

   Ton calcul : ....

Problème

Dans quel magasin le prix d'une figurine est-il le moins cher ?

Ta réponse : ....

Ton calcul : ....

50 • cinquante et les nombres de 1 à 59

J'observe

Complète la piste des nombres de 40 à 59.

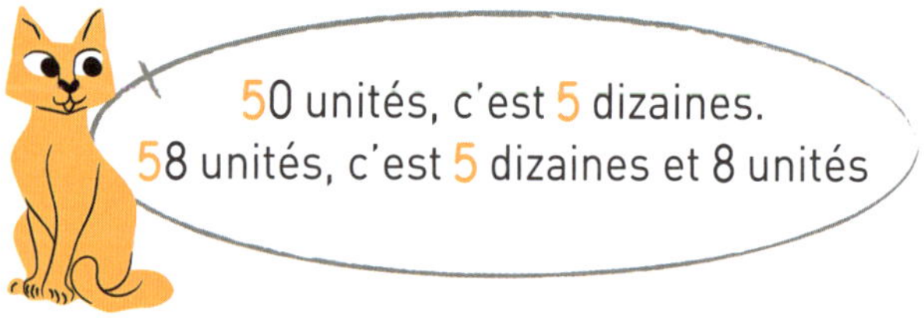

40	....	....	....	44	....	....	47	....	....	50	51	....	....	....	55	....	....	58	....

Je m'entraîne

Combien de papillons vois-tu en tout ?

....

Complète.

	50 + 3	53	.... dizaines et .... unités
	.... + 5	....	.... dizaines et .... unités

Infos +
Pour que votre enfant trouve facilement le nombre d'éléments d'une collection désorganisée, incitez-le à les grouper par 10.

Quel est le score de chaque enfant ?

Léa .... Nina .... Mia ....

Range les scores des enfants dans l'ordre décroissant. .... > .... > ....

Complète la suite des nombres en décroissant de 1 en 1.

50	....	48	....	....	....	44	....	....	....

Souligne le nombre le plus grand et mets le signe < ou le signe >.

52 24   53 59   54 45   49 39

Écris en chiffres.

cinquante-neuf : ....

cinquante-deux : ....

cinquante-cinq : ....

cinquante-trois : ....

Écris en lettres.

51 : ....

56 : ....

54 : ....

57 : ....

Problème

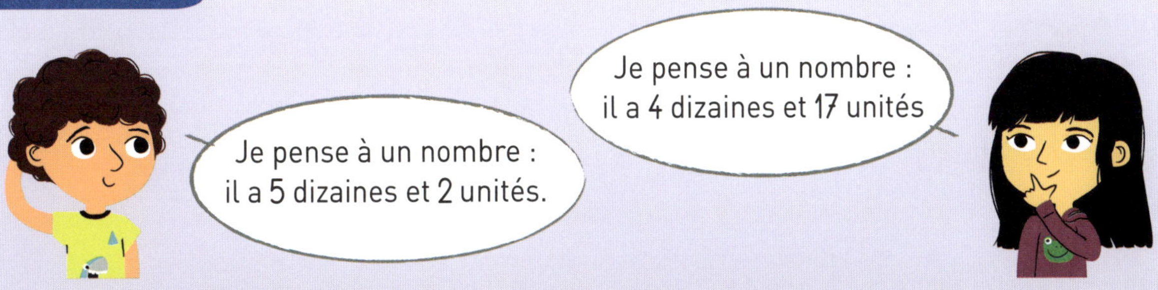

- **Quel est le nombre de Tom ?** ....
- **Quel est le nombre de Kim ?** ....

L'addition et la soustraction
calculs en ligne

J'observe

Complète les schémas et les calculs.

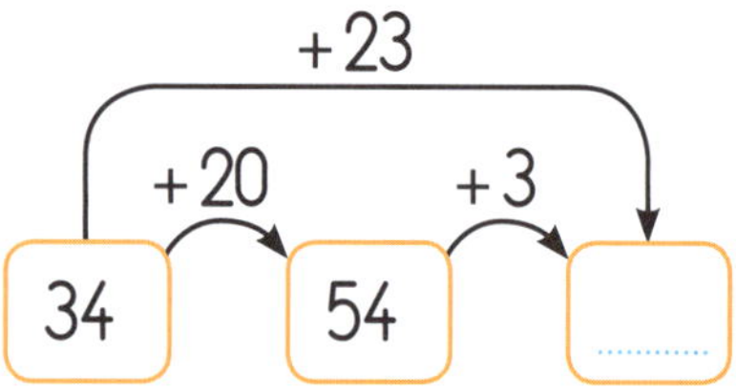

Pour ajouter 23, ajoute 20 puis 3.

$34 + 23 = 34 + 20 + 3 =$ ....

Pour soustraire 23, soustrais 20 puis 3.

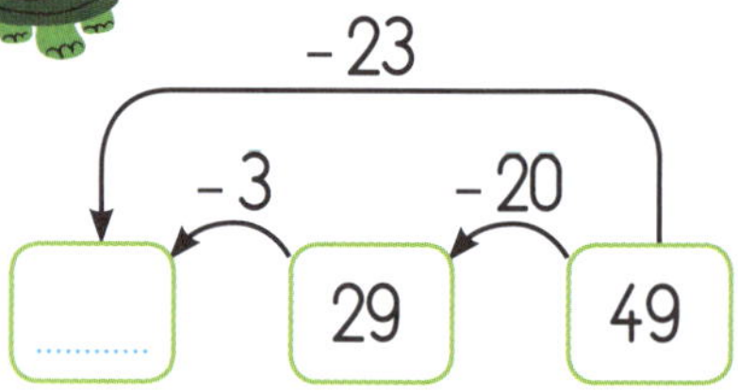

$49 - 23 = 49 - 20 - 3 =$ ....

Je m'entraîne

Complète les schémas et les calculs.

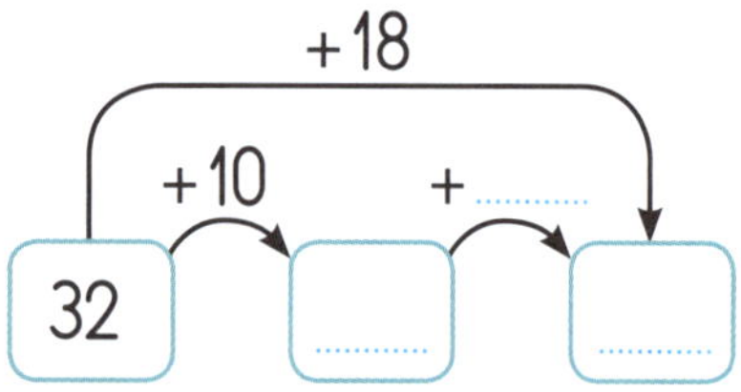

$32 + 18 = 32 + 10 +$ .... $=$ ....

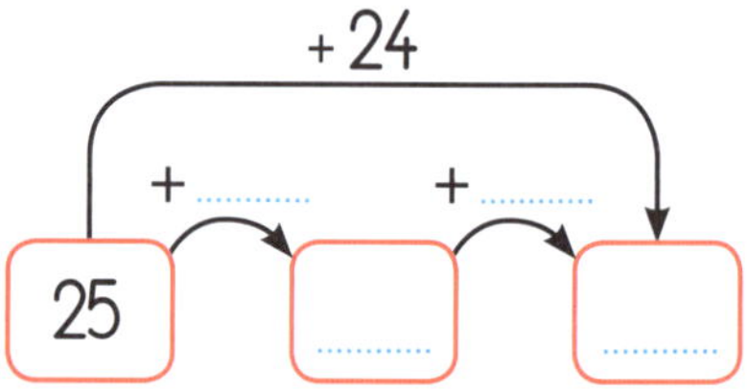

$25 + 24 = 25 +$ .... $+$ .... $=$ ....

Complète les schémas et les calculs.

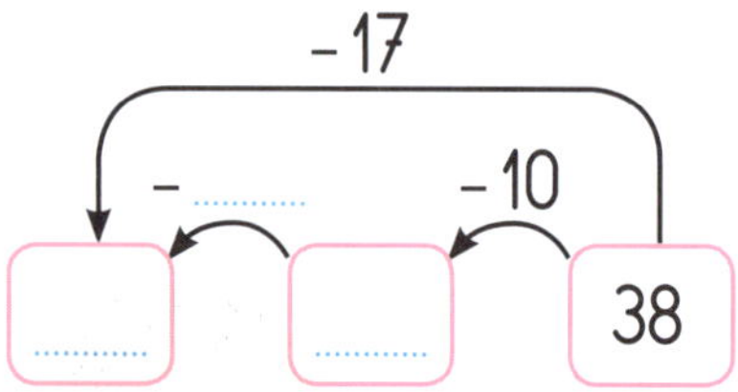

$38 - 17 = 38 - 10 -$ .... $=$ ....

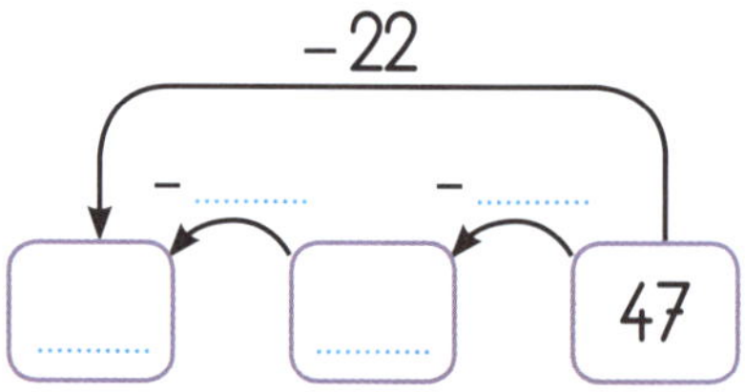

$47 - 22 = 47 -$ .... $-$ .... $=$ ....

Infos +
Expliquez à votre enfant que le calcul par sauts en avançant ou en reculant, appelé aussi « calcul en ligne », est très utile pour le calcul mental. Ce calcul consiste à ajouter ou à soustraire tout d'abord les dizaines puis les unités au nombre de départ.

Complète.

3 →(+10)→ .... →(+5)→ .... →(+20)→ .... →(+2)→ .... →(+10)→ .... →(+7)→ ....

Complète.

.... ←(-5)← .... ←(-10)← .... ←(-2)← .... ←(-20)← .... ←(-4)← .... ←(-10)← 56

Réponds aux questions.

1. Il y a 21 voyageurs dans l'autobus.
À l'arrêt, personne ne descend et 15 voyageurs montent.
Combien de voyageurs y a-t-il maintenant dans le bus ?

Ta réponse : ....

Ton calcul : ....

2. Il y a 48 voyageurs dans l'autobus.
À l'arrêt 12 voyageurs descendent et personne ne monte.
Combien de voyageurs y a-t-il maintenant dans le bus ?

Ta réponse : ....

Ton calcul : ....

Problème

Je pense à un nombre.
Si je lui ajoute 20,
j'obtiens 25.

Je pense à un nombre.
Si je lui soustrais 10,
j'obtiens 7.

- **Quel est le nombre de Tom ?** ....
- **Quel est le nombre de Kim ?** ....

60 • soixante et les nombres de 1 à 69

60 unités, c'est 6 dizaines.
67 unités, c'est 6 dizaines et 7 unités.

1 dizaine, c'est 10 carreaux.

J'observe

Complète la piste des nombres.

60 soixante — 1 dizaine 1 dizaine 1 dizaine 1 dizaine 1 dizaine 1 dizaine

67 soixante-sept — 1 dizaine 1 dizaine 1 dizaine 1 dizaine 1 dizaine 1 dizaine

....	....	....	....	....	56	....	....	59	60	....	62	63	....	....	....	67	....	....

Je m'entraîne

Combien de fleurs vois-tu ?

.... fleurs

Complète.

1 dizaine 1 dizaine 1 dizaine 1 dizaine 1 dizaine 1 dizaine	60 + 4	....	.... dizaines et .... unités
1 dizaine 1 dizaine 1 dizaine 1 dizaine 1 dizaine 1 dizaine	.... + ...	....	.... dizaines et .... unités

Infos +
Entraînez votre enfant à dénombrer en utilisant la dizaine comme une nouvelle unité.
1 dizaine, 2 dizaines, 3 dizaines, 4 dizaines, 5 dizaines, 6 dizaines, c'est 60.

Quel est le score de chaque enfant ?

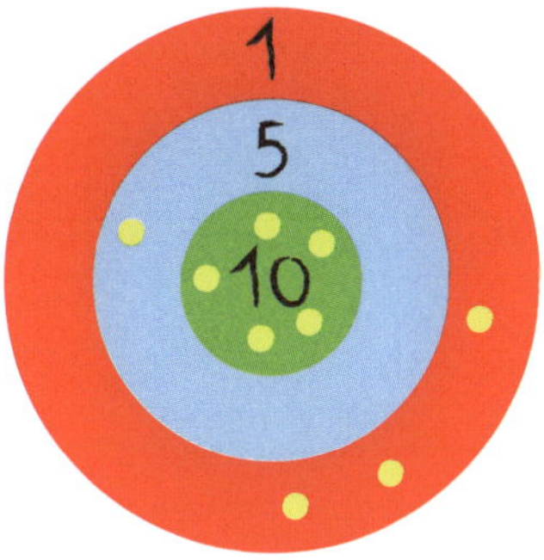

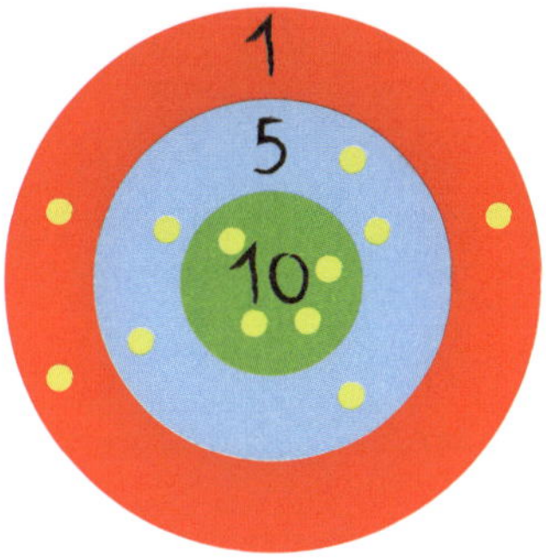

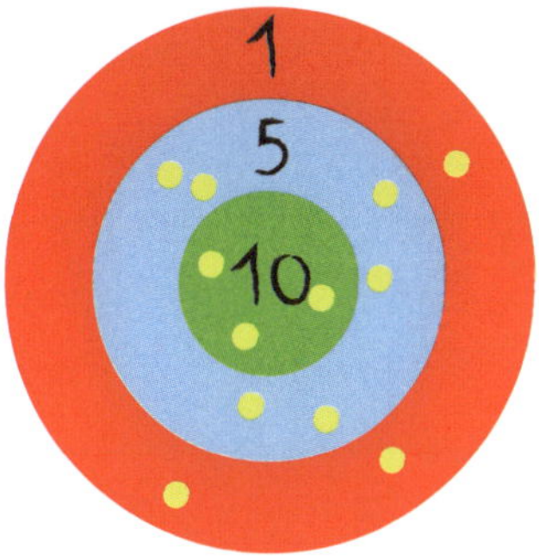

Léo .... Tom .... Jo ....

Range les scores des enfants dans l'ordre décroissant. .... > .... > ....

Complète la suite des nombres en décroissant.

64	.....	.....	.....	.....	.....	58	.....	.....	.....

Souligne le nombre le plus grand et mets le signe < ou le signe >.

63 ..... 61 39 ..... 62 56 ..... 65 9 60

Écris en chiffres.

soixante-neuf : ....

soixante-quatre : ....

soixante-cinq : ....

soixante et un : ....

Écris en lettres.

63 : ....

66 : ....

62 : ....

68 : ....

Problème

J'ai cueilli 67 coquelicots,
je fais des bouquets de 10 coquelicots.

- **Combien de bouquets Kim peut-elle faire ?** ....
- **Combien de coquelicots lui reste-t-il ?** ....

Récréation
Les nombres croisés

Règle du jeu : Pour chaque ligne et chaque colonne, tu dois écrire chaque nombre en chiffres en inscrivant un chiffre par case.

	A	B	C	D
1		■		
2	■			■
3			■	
4		■		

Horizontalement

1. * Neuf * Vingt-cinq
2. * Dix-sept
3. * Trente-neuf *Un
4. * Six *Soixante-trois

Verticalement

A. * Le suivant de huit * Trente-six
B. * Dix-neuf
C. * Vingt-sept *Juste avant sept
D. * Juste après quatre * Treize

	A	B	C	D
1		■		
2			■	
3	■			■
4		■		

Horizontalement

1. * 2 + 1 * 10 + 3
2. * 5 dizaines et 4 unités * Juste avant 8
3. * Le suivant de 13
4. * 10 – 6 * Juste avant 60

Verticalement

A. * 30 + 5 * Double de 2
B. * Juste après 40
C. * 10 – 9 * 4 dizaines et 5 unités
D. * 40 – 3 * 5 + 4

Carrés magiques et pyramides étranges

Les carrés magiques

Un carré est « magique » quand la somme des nombres de chaque ligne, de chaque colonne et de chaque diagonale est toujours la même.
Complète ces carrés pour qu'ils soient magiques.

1			→ 9
	3		→ 9
	0		→ 9

↙ 9 ↓ 9 ↓ 9 ↓ 9 ↘ 9

Somme 9

	7	2
	5	
8		

Somme : ....

Les pyramides étranges

Trouve les nombres qui manquent.

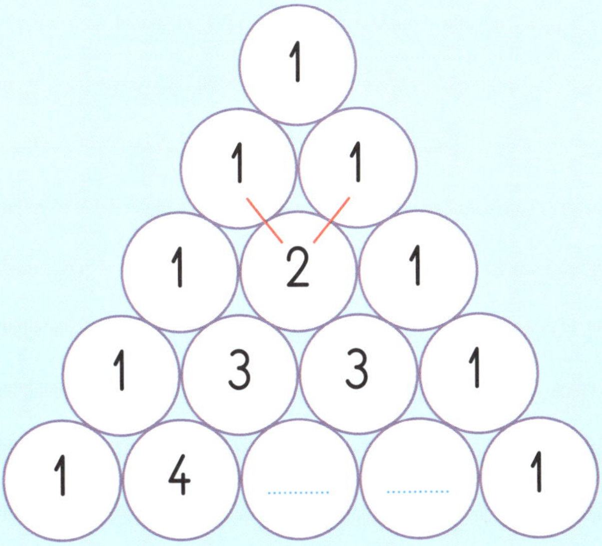

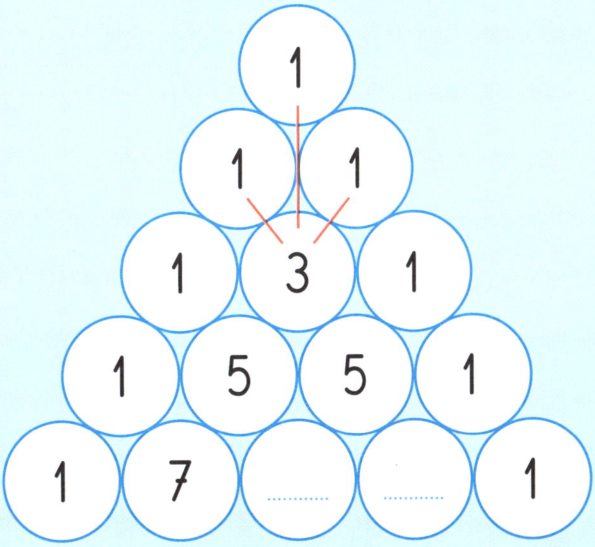

Additions répétées et partages équitables

J'observe

Réponds aux questions.

1. Kim a ramassé des noisettes, elle a préparé 4 sacs pour ses amies, elle a mis 12 noisettes dans chaque sac. Combien de noisettes Kim avait-elle ramassées ? ……

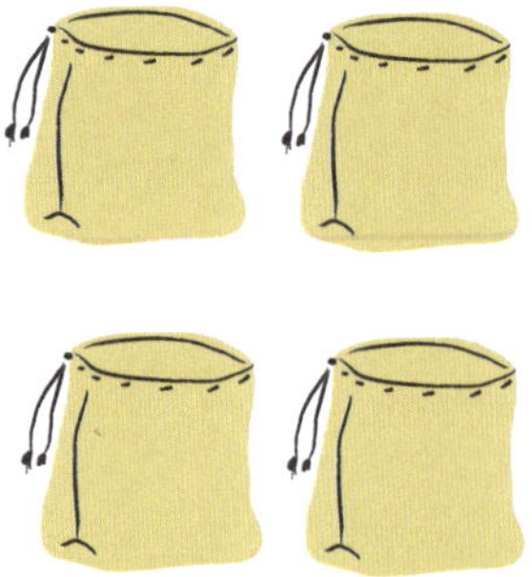

Pour raconter cette histoire, on écrit :

$12 + 12 + 12 + 12 =$ ……

2. Tom a ramassé 35 noix. Il veut les partager équitablement entre ses 4 copains.

Combien de noix chacun aura-t-il ? ……

Combien de noix restera-t-il ? ……

Pour raconter cette histoire, on écrit :

$35 = 8 + 8 + 8 + 8 +$ ……

Je m'entraîne

Réponds aux questions.

Kim et Tom se partagent équitablement 9 châtaignes.

Combien de châtaignes chacun aura-t-il ? ……

Combien de châtaignes restera-t-il ? ……

Raconte cette histoire en complétant l'égalité. $9 =$ …… + …… + ……

Infos +
Sensibilisez votre enfant au fait que dans les problèmes de partages équitables le reste n'est pas toujours égal à zéro.

Réponds aux questions.

1. Dans un sachet d'amandes, il y a 24 amandes.
   Combien d'amandes y a-t-il dans 2 sachets ?

   Ta réponse : ....

   Ton calcul : ....

2. Dans un jeu de cartes, il y a 32 cartes.
   Quatre enfants se partagent équitablement les cartes.
   Combien de cartes chacun a-t-il ?

   Ta réponse : ....

   Ton calcul : ....

3. Un cornet de marrons chauds coûte 4 €,
   Chloé achète 6 cornets.
   Quel prix va-t-elle payer ?

   Ta réponse : ....

   Ton calcul : ....

Problème

Je sais trouver instantanément la moitié
du double de n'importe quel nombre !

Quelle est la moitié du double de 5 ? ....

70 • soixante-dix et les nombres de 1 à 79

70 unités, c'est 7 dizaines,
c'est soixante-dix, c'est 60 + 10.
78 unités, c'est 7 dizaines et 8 unités,
c'est soixante-dix-huit, c'est 60 + 10 + 8.

J'observe

Complète la piste des nombres.

70
soixante-dix

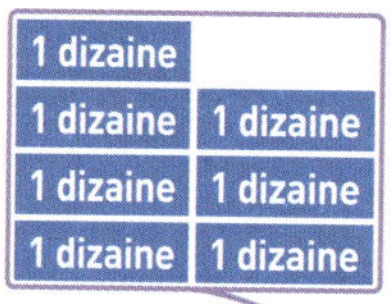

78
soixante-dix-huit

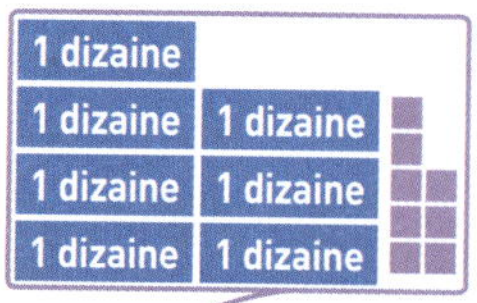

......	......	......	......	......	66	......	......	69	70	......	72	73	......	......	......	......	78	......

Je m'entraîne

Combien vois-tu de carreaux colorés ?

.... carreaux colorés.

Infos +

De 17 à 69, votre enfant a compris que le nom des nombres s'obtient par juxtaposition du nom de la dizaine et du nombre d'unités.
À partir de soixante-dix, cela se complique sérieusement. Si votre enfant ne sait pas dire le nom de 73, par exemple, demandez-lui de donner son nombre de dizaines et d'unités.

Complète.

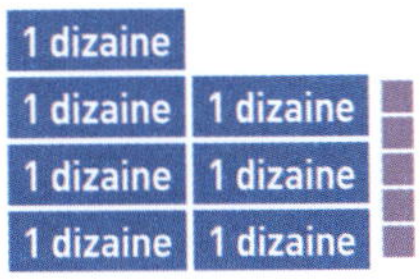	70 + ...	75	.... dizaines et .... unités
	.... + ...	....	.... dizaines et ....

Quel est le score de chaque enfant ?

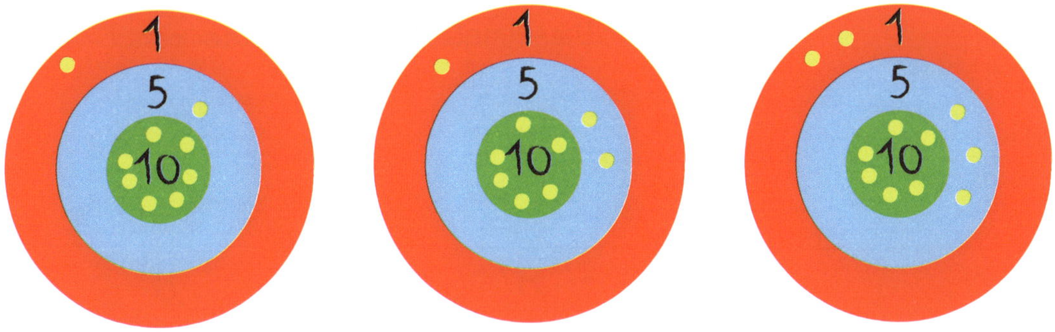

Léo .... Tom .... Marie ....

Range les scores des enfants dans l'ordre décroissant. .... > .... > ....

Problème

Dans son potager, le jardinier a planté ses salades par rangées de 10. Ce matin, il a cueilli toutes les salades de 7 rangées et 8 salades dans la rangée suivante.

Combien de salades a-t-il cueillies ?

Ta réponse : ....

Ton calcul : ....

80 • quatre-vingts et les nombres de 1 à 89

80 unités, c'est 8 dizaines,
c'est quatre-vingts, c'est 20 + 20 + 20 + 20.
86 unités, c'est 8 dizaines et 6 unités,
c'est quatre-vingt-six, c'est 20 + 20 + 20 + 20 + 6.

J'observe

Complète la piste des nombres.

80
quatre-vingts

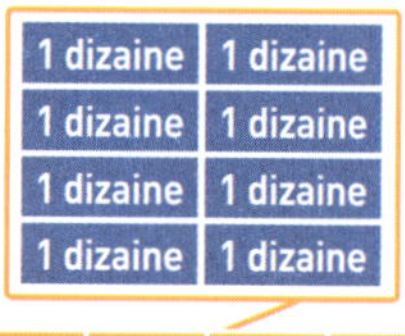

86
quatre-vingt-six

....	....	....	....	....	76	....	....	79	80	....	82	83	....	....	86	....	....	....

Je m'entraîne

Complète.

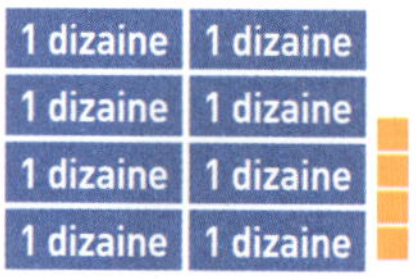	80 + ...	84	.... dizaines et .... unités
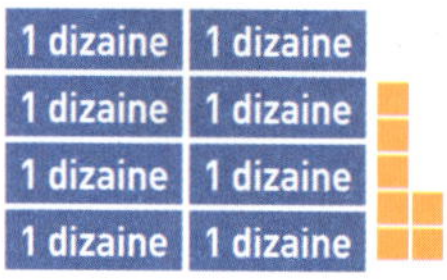	.... + ...	....	.... dizaines et ....

Infos +
Dire les noms des nombres à partir de 80 représente une nouvelle difficulté pour votre enfant. S'il ne sait pas dire le nom de 84, par exemple, demandez-lui de donner son nombre de dizaines et d'unités.

Réponds aux questions.

Calcule la somme contenue dans chaque tirelire.

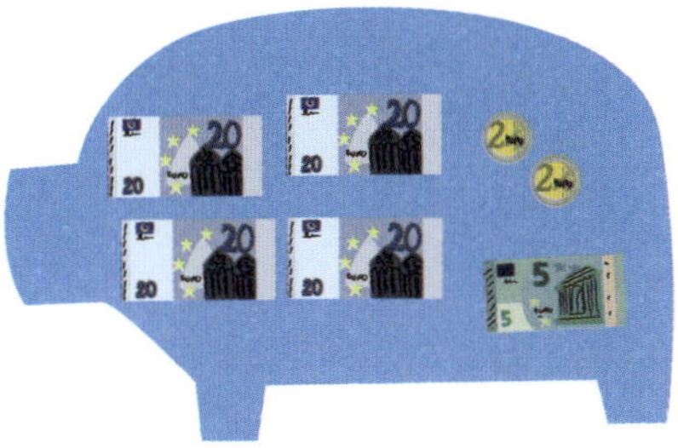

....

Dans quelle tirelire y-a-t-il le plus d'argent ? **bleue** **orange** **verte**

Range les sommes dans l'ordre décroissant : .... > .... > ....

Complète.

65 → +20 → ....

.... → +10 → 62

54 → + ... → 84

.... ← -30 ← 83

65 ← -10 ← ....

67 ← - .... ← 87

Problème

Dans mon nombre, on voit 4 et pourtant on n'entend pas quatre quand on le dit.

Quand on dit le nombre que j'ai choisi, on entend quatre et pourtant aucun des chiffres n'est 4.

38 24 64 87 57 74

- **Quel nombre Tom a-t-il choisi ?** ....
- **Quel nombre Kim a-t-elle choisi ?** ....

90 • quatre-vingt-dix et les nombres de 1 à 99

90 unités, c'est 9 dizaines,
c'est quatre-vingt-dix, c'est 20 + 20 + 20 + 20 + 10.
97 unités, c'est 9 dizaines et 7 unités,
c'est quatre-vingt-dix-sept, c'est 20 + 20 + 20 + 20 + 10 + 7.

J'observe

Complète la piste des nombres.

90
quatre-vingt-dix

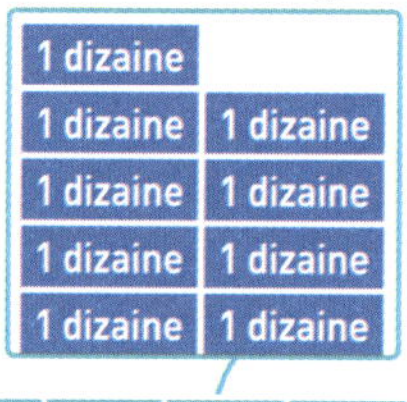

97
quatre-vingt-dix-sept

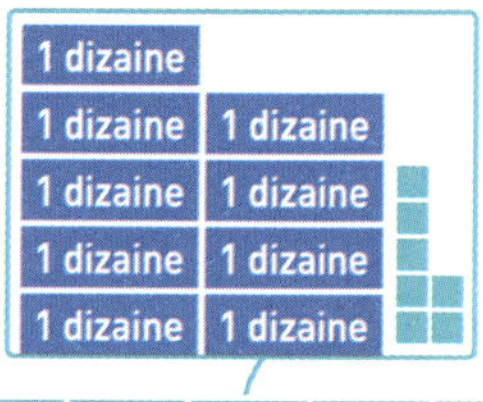

....	....	....	....	....	86	....	....	89	90	....	92	93	....	....	....	97	....	....

Je m'entraîne

Complète.

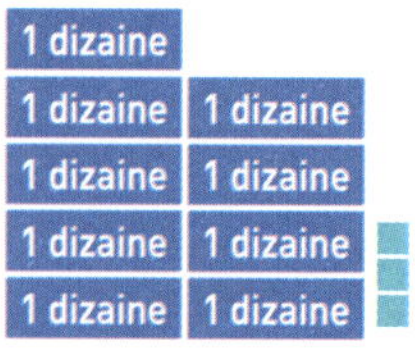	90 + ...	93	.... dizaines et .... unités
	.... + ...	....	.... dizaines et ....

Infos +
Dire les noms des nombres à partir de 90 représente une nouvelle difficulté pour votre enfant. S'il ne sait pas dire le nom de 95, par exemple, demandez-lui de donner son nombre de dizaines et d'unités.

Combien vois-tu de carreaux colorés ?

.... carreaux colorés.

Réponds aux questions.

Calcule la somme contenue dans chaque tirelire.

....

Dans quelle tirelire y-a-t-il le plus d'argent ? **bleue** **orange** **verte**

Range les sommes dans l'ordre croissant : .... < .... < ....

Problème

Mon arrière-grand-mère a 95 ans.

La mienne a 12 ans de moins que la tienne.

Quel est l'âge de l'arrière-grand-mère de Tom ?

Ta réponse : ....

Ton calcul : ....

Le tableau des nombres de 0 à 99

J'observe

Écris tous les nombres dans la première colonne.
Écris en **bleu** les nombres dont le chiffre des unités est 6.
Écris en **vert** les nombres dont le chiffre des dizaines est 9.
Dans ce tableau écris ces nombres en chiffres :
soixante-quatre   soixante-quinze   quatre-vingt-quatre   quatre-vingt-huit

Colorie en **jaune** le hublot quatre-vingt-douze et en rose le hublot quatre-vingt-dix-sept .

Je m'entraîne

Écris les nombres qui manquent dans les cases vides.

....	....	....	....	....	....	....	....	....	....	....	....	96	97	98	99

Infos +
La présentation en tableau de la suite des nombres est nouvelle : dans chaque ligne les nombres ont le même chiffre de dizaines, dans chaque colonne ils ont le même chiffre des unités.

Problèmes

1 Dans un train de 3 wagons, il y a 25 passagers dans le 1er wagon, 30 passagers dans le 2e wagon et 25 passagers dans le 3e wagon.

Combien de passagers y a-t-il dans ce train ?

Ta réponse : ....

Ton calcul : ....

2 Dans la classe de Kim, il y a 25 élèves. 13 élèves sont des filles.

Combien de garçons y a-t-il ?

Ta réponse : ....

Ton calcul : ....

3 Kim, Tom et Marie veulent se partager équitablement 40 coquillages qu'ils ont ramassés.

Combien de coquillages chacun d'eux aura-t-il ? ....

Restera-t-il des coquillages ? ....

Si oui, combien ? ....

Ton calcul : ....

4 Chloé a 80 € pour acheter des livres. Elle achète 2 bandes dessinées à 14 €, 3 romans à 9 € chacun, et 4 mangas à 6 € chacun.

Combien dépense-t-elle ?

Ta réponse : ....

Ton calcul : ....

Combien lui reste-t-il ?

Ta réponse : ....

Ton calcul : ....

5 Kim et Tom ont invité 3 amis pour le goûter.

Combien d'enfants vont goûter ? ....

Combien de biscuits chacun aura-t-il ? ....

Restera-t-il des biscuits ? ....

Ton calcul : ....

Combien de verres Tom va-t-il remplir avec les 2 bouteilles ? ....

Ton calcul : ....

Achevé d'imprimer en Espagne par Imprimerie de Macrolibros à Valladolid
Dépôt légal : 06130-9/01 - Novembre 2019

PAPIER À BASE DE FIBRES CERTIFIÉES

Hatier s'engage pour l'environnement en réduisant l'empreinte carbone de ses livres. Celle de cet exemplaire est de :
500 g éq. CO_2
Rendez-vous sur www.hatier-durable.fr

IMPRIM'VERT
Votre imprimeur agit pour l'environnement